国网技术学院培训系列教材

输电线路施工实训

韩 暘 主编

中国电力出版社
CHINA ELECTRIC POWER PRESS

内 容 提 要

为了进一步提高输电线路专业实训课程标准化授课质量，给组织和参与实训课程的教师、学生及新入职员工提供规范化的操作流程参考，使参与实训课程学习的培训人员达到增强现场工作安全意识、掌握线路施工基本技能操作要领、熟悉线路施工现场组织工作的目的，结合近几年输电线路工作实际和国网技术学院线路专业员工实训教学经验，编制了本书。

本书内容涵盖了以线路基础施工、杆塔组立、架线施工等施工关键工序中包含的部分技能操作要点为基础编写的实训项目。每个实训项目包含实训目的、实训内容简介、实训现场组织、实训安全注意事项等知识点，希望通过简洁的文字叙述，为输电线路专业实训项目的开展提供可靠参考。

图书在版编目（CIP）数据

输电线路施工实训 / 韩暘主编. — 北京：中国电力出版社，2018.5（2022.8重印）
国网技术学院培训系列教材
ISBN 978-7-5198-1795-4

Ⅰ. ①输… Ⅱ. ①韩… Ⅲ. ①输电线路－工程施工－职业培训－教材 Ⅳ. ①TM726

中国版本图书馆 CIP 数据核字（2018）第 038360 号

出版发行：中国电力出版社
地　　址：北京市东城区北京站西街 19 号（邮政编码 100005）
网　　址：http://www.cepp.sgcc.com.cn
责任编辑：周秋慧（010-63412627）马雪倩
责任校对：常燕昆
装帧设计：王英磊　张　娟
责任印制：石　雷

印　　刷：北京天宇星印刷厂
版　　次：2018 年 5 月第一版
印　　次：2022 年 8 月北京第三次印刷
开　　本：710 毫米×980 毫米　16 开本
印　　张：11.5
字　　数：150 千字
印　　数：1301—1600 册
定　　价：45.00 元

编 委 会

主　　编　韩　晹（国网技术学院）
副 主 编　韩增永（国网泰安供电公司）
编写人员　李　洋（国网技术学院）
　　　　　唐燕玲（国网技术学院）
　　　　　曲　趵（国网技术学院）
　　　　　方建筠（国网技术学院）
　　　　　张益霖（国网长春供电公司）
　　　　　顾　灏（国网山东省电力公司曲阜市供电公司）
　　　　　陈珂睿（国网技术学院）
　　　　　李　敏（国网山东省电力公司济宁供电公司）
　　　　　王德洲（国网技术学院）
　　　　　谢　峰（国网技术学院）
　　　　　宋云京（国网技术学院）
　　　　　王　琳（国网技术学院）
　　　　　侯丽文（国网技术学院）
　　　　　张瑶瑶（国网技术学院）
　　　　　洪景娥（国网技术学院）
　　　　　隋庆华（国网技术学院）

吴　军（国网技术学院）
李　培（国网技术学院）
李艳萍（国网技术学院）
李　勇（国网山东省电力公司）

前　言

为贯彻国家电网公司“人才强企”战略，依据“三集五大”体系对技术、技能人才培训的新要求，不断提高从事输电线路专业学生及新入职员工的技能操作水平，在充分调研输电线路施工现场一线工作的基础上，结合国网技术学院近几年输电线路专业实训操作项目授课经验，组织相关专业人员编写了本书。

本书内容涵盖了输电线路施工技术基础知识、以部分输电线路施工关键施工工序为基础编写的实训教学项目，表述力求言简意赅、通俗易懂，整体侧重于基础性、实践性。本书可作为输电线路专业技能人才培训实训授课、高等院校输电线路专业学历教育实训授课用书，也可作为各地市公司开展输电线路专业实训操作项目技能竞赛的参考用书。希望读者通过对本书的学习，能够对书中涉及的输电线路施工实训操作建立初步概念，了解书中实训项目的规范化、标准化操作流程。

本书在编写的过程中得到了众多专家的大力支持。特别感谢国网泰安供电公司的韩增永同志，在借调至特高压工程建设指挥部担任榆横—潍坊1000kV特高压交流输变电线路工程（山东段）项目经理期间，对本书编写过程中现场资料的收集提供了大力支持。感谢国网长春供电公司的张益霖同志，将一线工作经验融入到本书编写当中。同时，特别感谢中国电力出版社和其他编者所在单位给予的大力支持。

由于编写时间仓促，加之输电线路施工技术的不断发展，对本书在内容和文字上存在的缺陷和错误，敬请读者谅解和指正。

编　者

2018 年 3 月

目录

前言

项目一　输电线路设计基础知识及标准化实训项目 …… 1
　任务一　输电线路设计基础知识 …… 1
　任务二　输电线路设计实训项目——室外选线实训 …… 5
　任务三　输电线路设计实训项目——室内选线、杆塔排位 …… 10
项目二　基础施工基础知识及标准化实训项目 …… 15
　任务一　基础施工基础知识 …… 15
　任务二　地脚螺栓式现浇基础检查实训 …… 23
　任务三　经纬仪的基本操作实训 …… 24
　任务四　基础分坑 …… 33
　任务五　交叉跨越垂距测量实训 …… 37
　任务六　基础施工实训项目的考核点及习题 …… 39
项目三　杆塔地面组装基础知识及标准化实训项目 …… 42
　任务一　掌握杆塔地面组装基础知识 …… 43
　任务二　安全工器具 …… 69
　任务三　现场安全意识培养 …… 71
　任务四　铁塔地面组装流程 …… 71
　任务五　杆塔组立实训项目的考核点及习题 …… 75

项目四　架线施工基础知识及标准化实训项目……77
任务一　架线施工基础知识及新技术的应用……78
任务二　拉线制作实训项目标准化作业……95
任务三　导线压接实训标准化作业……98
任务四　登塔走线实训项目标准化作业……102
任务五　附件安装实训项目标准化作业……105
任务六　绝缘子组装实训项目标准化作业……109
任务七　线路停电检修实训项目标准化作业……112
任务八　线路巡视实训项目标准化作业……116

附录 A　室外选线实训作业指导书……121
附录 B　室内选线、杆塔排位实训作业指导书……128
附录 C　输电线路专业正方形基础分坑实训作业指导书……134
附录 D　输电线路专业无位移转角塔分坑实训作业指导书……139
附录 E　输电线路专业交叉跨越距离测量实训作业指导书……145
附录 F　220kV 直线猫头塔地面组装作业指导书……150
附录 G　输电线路登塔走线实训作业指导书……155
附录 H　输电线路附件安装实训作业指导书……159
附录 I　绝缘子组装实训作业指导书……164
附录 J　输电线路停电检修实训作业指导书……168
附录 K　输电线路巡视实训作业指导书……173

项目一

输电线路设计基础知识及标准化实训项目

【项目描述】

本项目为输电线路设计实训技能操作练习。包括室外选线和室内选线与杆塔排位两个实训项目。

【教学目标】

通过理论知识学习和操作技能实训，掌握输电线路设计室外选线的知识；掌握输电线路设计的相关知识。

【实训安全风险点】

（1）正确佩戴安全帽和防护手套。

（2）注意观察周围测量环境，防止物体坠落伤人。

（3）花杆、三脚架、单脚架等有尖角物体应垂直对地，切忌对人或用来打闹。

（4）GPS 属于贵重仪器，注意保护仪器，轻拿轻放，安全交接。

任务一　输电线路设计基础知识

一、线路设计基础知识

架空线路的功能是输送电能，其主要技术参数包括电压等级、导线截面及线路长度等。这些参数主要是根据电力系统的供需关系通过规划设计来选择确定的，代表着输电线路的供电能力。

概括说来，架空线路设计在技术上首先要解决以下两个问题：

（1）导线固定在杆塔上的松紧程度。从技术角度讲，线路架设时导线过于拉紧则可能使导线超过它所能够承受的最大允许拉力，从而使导线受到损坏或使杆塔倾斜；反之，线路架设时导线过于松弛则可能会破坏绝缘间隙的有关规定或要求，如风吹向导线时，可能使导线对地之间发生闪络或使导线对地面的安全距离不能满足要求等。这两种现象是不允许的。

（2）杆塔排列位置的确定。由直观分析可知，在一定的线路距离下，对同一条架设的线路而言（假定杆型已经选定），如果杆塔之间的间隔排列过密，则必然使经济投入增加；反之，如果杆塔之间的间隔排列过疏，又将使杆塔受到较大的荷重或拉力，其杆塔的强度可能会难以满足安全要求。

在架空线路设计中通过制作两种曲线来解决上述两个问题，即制作架线弧垂曲线以解决合理紧线问题；制作模板曲线以解决合理排列杆塔位置问题。

为了制作这两种曲线，首要的任务就是要学习和掌握导线力学计算原理。导线的力学计算主要是研究在不同气象条件下，导线的应力、弧垂和荷载之间的基本关系。

导线的应力和弧垂计算是架空线路设计中最基本的两项计算内容。依据这种计算，可以明确分析导线产生最大弧垂和受到最大应力的条件是什么，并由此制定前述的两种曲线以便合理地确定导线架设在空中的松紧程度和杆塔排列在线路路径上的具体位置。这样计算过的设计结果，既可以使导线的应力满足技术要求，又可以保证导线对地的安全距离在允许范围之内。

二、GPS 技术在输电线路设计中的应用

全球定位系统，即授时与测距导航系统/全球定位系统，简称全球定位系统（global positioning system，GPS）。GPS 技术作为一项非常重要的技术手段和方法，已广泛用于实时精密导航、高精度定位，为工程规划、施工建设提供一系列的技术支持。目前，在室外选线中 GPS 定位仪得到了越来越多的应用。

1. GPS 系统组成

GPS 系统主要由空间星座、地面监控、用户设备三大部分组成。

（1）空间星座部分。空间星座部分由 21 颗工作卫星和 3 颗在轨备用卫星组成。24 颗卫星均匀分布在 6 个倾角为 55°的轨道上，绕地球运行。每天每颗卫星均有 5h 出现在地平线以上，保证了地球上任何时刻、任意地点至少可以同时观测到 4 颗卫星，最多可见到 11 颗卫星。GPS 卫星通过自身的设备不断接收、储存和处理地面监控站发出的信息，并不断地向用户发送导航电文。

（2）地面监控部分。GPS 工作卫星的地面监控部分包括主控站、注入站、监测站。

（3）用户设备部分。用户设备由 GPS 接收机硬件、数据处理软件及相应的用户终端构成。它的作用是接收 GPS 卫星发出的信号，以获得必要的导航和定位信息观测量，解算出 GPS 卫星所发送的导航电文，实时地完成导航和定位工作。

GPS 接收机的结构分为天线单元和接收单元两大部分。测量型接收机两个单位一般分成两个独立的部件，观测时将天线单元安置在监测站上，接收单元置于监测站附件的适当地方，用电缆线将两者连接成一个整体，也有的将天线单元和接收单元制作成一个整体，观测时将其安置在监测站点上。

2. GPS 定位作业模式

GPS 定位作业模式分为静态定位作业、动态定位作业、相位差分定位作业。

（1）静态定位作业是将两台或两台以上 GPS 接收机设置在待测基线

端点上，在捕获和跟踪GPS卫星的过程中位置固定不变，接收机高精度的测量GPS信号的传播时间，利用GPS在轨的已知位置，解算出接收机天线所在位置的三维坐标。

（2）动态定位作业是用GPS接收机测定一个运动物体的运行轨迹。GPS接收机安置于运动载体上。载体上的GPS接收机天线在跟踪GPS卫星的过程中相对地球而运动，接收机用GPS信号实时测得运动载体的状态参数（瞬间三维位置和三维速度）。

（3）相位差分定位作业技术又称为RTK技术。作业方法是在基准站上安置一台GPS接收机，对所有可见GPS卫星进行连续地观测，并将其观测数据通过无线电传输设备实时地发送给用户观测站，在用户观测站上，GPS接收机在接收GPS卫星信号的同时，通过无线电接收设备，接收基准站传输的观测数据，然后根据相对定位的原理，实时地提供观测点的三维坐标，并达到厘米级的精度。目前输电线路使用GPS定位大多采用这种作业模式。

3. GPS定位的误差源

在利用GPS进行定位时，会受到各种因素的影响。影响GPS定位精度的因素有如下五个方面。

（1）与GPS卫星有关的因素。

1）卫星星历误差。在进行GPS定位时，计算某时刻GPS卫星位置所需的卫星轨道参数是通过星历提供的，所计算出的卫星位置会与真实位置有所差异，这种差异就是星历误差。

2）卫星钟差。GPS卫星上所安装的原子钟的钟面时间与GPS标准时间之间的钟差。

3）卫星信号发射天线相位中心偏差。GPS卫星上信号发射天线的标称相位中心与其真实相位中心之间的差异。

（2）与接收机有关的因素。

1）接收机钟差。GPS接收机的钟面时间与GPS标准时之间的差异称为接收机钟差。

2）接收机天线相位中心偏差。GPS 接收机天线的标称相位中心与其真实相位中心之间的差异称为接收机天线相位中心偏差。

3）接收机软件和硬件造成的误差。在进行 GPS 定位时，定位结果会受到处理与控制软件和硬件的影响。

（3）与传播途径有关的因素。

1）电离层延迟。由于地球周围的电离层对电磁波的折射效应，使得 GPS 信号的传播速度发生变化，这种变化称为电离层延迟。电磁波所受到电离层折射的影响与电磁波的频率以及电磁波传播途径上的电子总量有关。

2）对流层延时。

3）多路径效应。

（4）数据处理软件方面的因素。

1）用户在进行数据处理时引入的误差。

2）数据处理软件算法不完善对定位结果的影响。

（5）操作原因引起的误差。

1）基站、流动站的整平、对中产生的误差。

2）采点时收敛精度未达到观测要求所产生的定位误差。

任务二　输电线路设计实训项目——室外选线实训

在输电线路施工前，需要进行线路设计，通过室内选线、室外选线、排塔定位并进行电气校验。目前，由于在室外选线中 GPS 定位仪得到了越来越多的应用。本实训项目在室外通过将 GPS 对输电线路路径上的点进行数据采集，转换处理后输入室内选线地图，室内选线优化、排塔后再到现场对转角点、立塔点进行定位标记。

一、实训目的

通过理论知识学习和操作技能实训，掌握输电线路设计室外选线的知识。

二、实训目标

通过理论知识学习和操作技能实训，掌握输电线路室外选线过程，学会操作 GPS 采集数据，能根据地图数据到现场定位。

三、实训中的安全注意事项

（1）正确佩戴安全帽和防护手套。

（2）注意观察周围测量环境，防止物体坠落伤人。

（3）根据季节及环境确定佩戴防护或驱赶蚊虫设备。

（4）使用锤子时防止伤人。

（5）花杆、三脚架、单脚架等有尖角物体应垂直对地，切忌对人或打闹。

（6）GPS 属于贵重仪器，注意保护仪器，轻拿轻放，安全交接。

四、实训中的关键点

（1）实训开始前，专/兼职培训师向本实训场地的所有人员交待工器具状态、作业内容、作业标准、安全注意事项、危险点及控制措施、人员分组情况。

（2）实训前，由培训师负责组织向实训人员进行技术交底，并做好交底记录。

（3）测量人员应经培训合格后上岗。GPS、全站仪及量尺必须是检测合格品。

（4）测量人员在操作过程中，应随时注意 GPS 的卫星信号、电台信号、蓝牙信号接收情况良好。

（5）测量人员应注意全站仪在测量过程中需保持水平状态。

（6）全站仪测量辅助人员应注意保持棱镜花杆垂直大地。

（7）保证 GPS 基站在重新架设后应保持在原基站位置。

（8）测量中必须做好数据记录，且保存到自己的文件夹下，防止存入其他测量人员数据文件夹。

（9）测量结束后，做好仪器整理收箱，不得遗漏。

（10）由培训师对测量结果进行验收、评价。

五、实训中的现场组织

（1）本实训，应由具有丰富实际选线经验和熟练操作 GPS 的专/兼职培训师负责指导。

（2）根据实训人员、培训师数量分组，合理配置每个培训师指导的人数。

（3）实训中进行安全工器具的简介及使用（引入 Q/GDW 1799.2—2013《国家电网公司电力安全工作规程　线路部分》介绍）。

室外选线所使用的的安全工器具包括安全帽和防护手套。

六、室外选线实训项目现场组织流程

室外选线实训项目现场组织流程如图 1-1 所示。

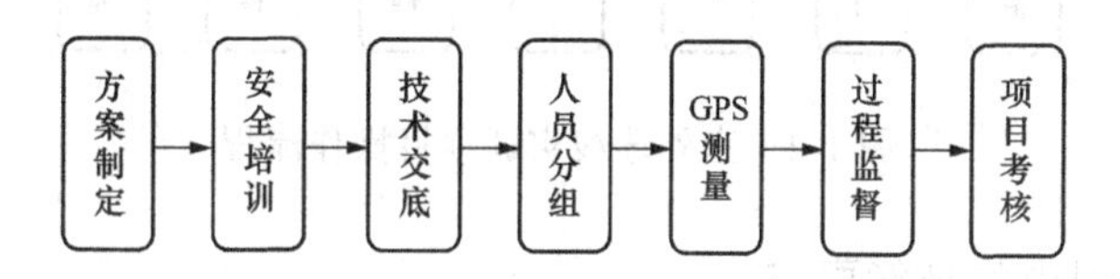

图 1-1　室外选线实训项目现场组织流程

七、实训前的准备

1. 人员准备

（1）所有进入实训现场的人员，需对规程规范、管理制度、安全工器具、工器具和作业指导书进行培训，经过安全技术交底后方可进入实训场地。

（2）实训过程必须遵循安全技术措施，并做好现场监护工作。已交底的措施，未经审批人同意，不得擅自变更。

（3）进入实训现场的人员统一穿着工作服，施工现场人员在作业时严禁吸烟和酒后作业。

（4）进入实训场的人员必须正确佩戴安全帽，并将长发盘进安全帽内。作业人员必须正确穿戴和使用防护用品。

2. 工器具准备

拉线制作工器具主要包括 GPS（基站和流动站）、全站仪、钢尺、花杆、小锤子、对讲机、记录本、木桩、钉子、油漆等。

（1）工器具应按照规程规定进行相关试验，并有合格证明。

（2）实训人员分组为单位领取工器具，并根据工器具表清点检查工器具。

（3）工器具使用前，应进行外观质量的检查，不合格者严禁使用。

八、室外选线实训项目操作流程

室外选线实训项目操作流程如图 1-2 所示。

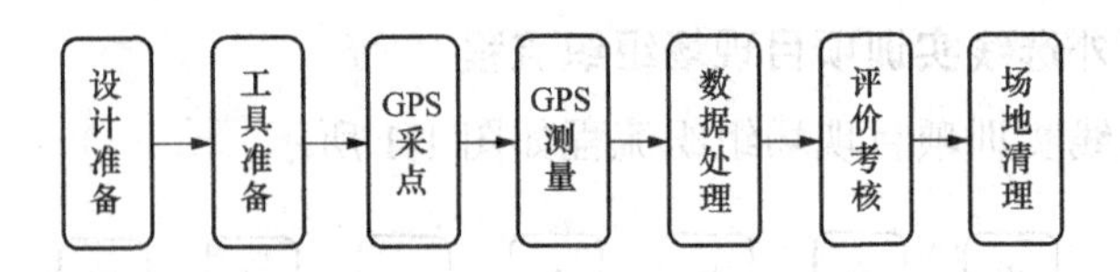

图 1-2　室外选线实训项目操作流程

九、实训中的技能要点

（1）测量人员在操作过程中，应随时注意 GPS 的卫星信号、电台信号、蓝牙信号接收情况良好。

（2）测量前，一定要新建工作文件夹，防止数据丢失或混乱。

（3）采集转角点桩位数据使用点测量菜单，确定无误后，再定取方向桩位置并钉好木桩。

（4）点采集观测时，流动站花杆垂直对地，花杆自带水平仪的气泡始终处于中心。

（5）架设基站和全站仪时，高度与胸口平齐。

（6）测量人员应注意全站仪在测量过程中保持水平状态。

（7）全站仪测量辅助人员保持棱镜花杆垂直大地。

（8）保证 GPS 基站在重新架设后应保持在原基站位置。

（9）使用 U 盘导出数据时，导出文件必须选择 txt 格式。

十、实训后的收整

（1）每天实训结束前，各组应将实训中使用的工器具收纳至工具箱内存放，并将工位清理干净。

（2）实行文明施工，实训结束后应根据培训师要求布置实训场，材料、工器具在指定位置摆放整齐。

（3）收集仪器时必须轻拿轻放，防止触碰、撞击。

十一、实训项目的技能考核关键环节

（1）现场实训人员应着工作服，严禁吸烟和酒后作业。

（2）作业人员必须正确佩戴安全帽和穿戴防护用品。

（3）架设基站和 GPS 时严格按照对中整平等步骤进行。

（4）打开电台和基站进行连接时，要先接通电台电源，最后打开基站电源，结束时顺序相反。

（5）手持机（流动站）必须安装天线。

（6）使用锤子时防止伤人；花杆、三脚架、单脚架等有尖角物体应垂直对地，切忌对人。

（7）注意保护仪器，轻拿轻放，安全交接。

（8）操作过程中，随时观察各信号强弱，严禁无信号（卫星、电台、蓝牙）操作。

（9）全站仪在测量过程中需保持水平状态，棱镜花杆垂直大地。

（10）GPS 基站在重新架设后应在原基站位置。

（11）数据记录必须保存到自己的文件夹下，导出数据为 txt 格式。

（12）测量结束后，做好仪器整理收箱，不得遗漏。

（13）实训结束应将工器具收纳至工具箱内存放，并清理工位。

十二、操作步骤

操作步骤见附录A　室外选线实训作业指导书。

任务三　输电线路设计实训项目——室内选线、杆塔排位

在输电线路施工前，需要进行线路设计，通过室内选线、室外选线、排塔定位并进行电气校验。本实训项目是通过道亨三维输电线路设计系统在地图上进行初步选线，选线时根据现场测量得到的数据修正地图，避开居民小区、建筑物、工厂等，选择合理的线路路径。将选线结果输出到道亨三维设计系统，结合三维地图和二维平断面图进行快捷方便的排塔定位，完成线路的初步设计。

一、实训目的

通过理论知识学习和操作技能实训，掌握输电线路设计的相关知识。

二、实训目标

通过理论知识学习和操作技能实训，掌握输电线路选线、排塔的初步知识和过程，并能处理校验中出现的各种问题，优化线路设计。

三、实训中的安全注意事项

（1）室内空气污浊，导致身体不适。

（2）水杯、饮料等禁止放在电脑桌上，防止液体倾倒导致短路、触电。

（3）禁止在室内嬉笑打闹导致人身损伤、设备损害及由此导致的触电漏电。

（4）规范电脑使用，防止触电漏电。

（5）走动时不要触碰电源地插、网络地插等，防止由此引起的触电、断网。

（6）使用电脑符合网络安全规定，不使用外部存储设备，防止病毒木马破坏和泄密。

（7）软件使用应规范操作，不随意安装和删除程序。

四、实训中的关键点

（1）实训开始前，专/兼职培训师向进入本实训室的所有人员交待工器具状态、作业内容、作业标准、安全注意事项、危险点及控制措施、人员分组情况。

（2）实训前，由培训师负责组织向实训人员进行技术交底，并做好交底记录。

（3）根据事先分配编号，进入对应工位，按要求开机并进入软件。

（4）按操作说明正确导入 GPS 数据，进行数据处理，插入合适转角点，进行方案比较。

（5）保存选线结果，输出桩位成果表。

（6）在三维设计系统选择杆塔、导线、金具串参数，在平断面图中进行排塔。

（7）添加跨越物、风偏段面。

（8）进行全自动电气校验，进行错误处理，优化排位。

（9）正确输出选线和排塔结果、施工图、材料一览表。

（10）由培训师对选线和排塔进行验收、评价。

五、实训中的现场组织

（1）本实训应由具有丰富实际选线和排塔设计经验的专/兼职培训师负责指导。

（2）根据实训人员、培训师数量分组，合理配置每个培训师指导的人数。

（3）实训负责人通过电脑监控实施监控学员实训情况，随时安排指导。

六、实训中工器具的简介及使用（电脑及设计软件使用）

选线排塔所使用的的工器具包括电脑、设计软件等，具体使用说明见道亨三维选线 CPS 操作指导书、道亨 SLW3D 架空送电线路三维设计系统操作指导书、道亨 SLCAD 架空送电线路平断面图处理及定位 CAD 系统操作指导书。

七、室内选线、杆塔排位实训流程

室内选线、杆塔排位实训流程如图 1-3 所示。

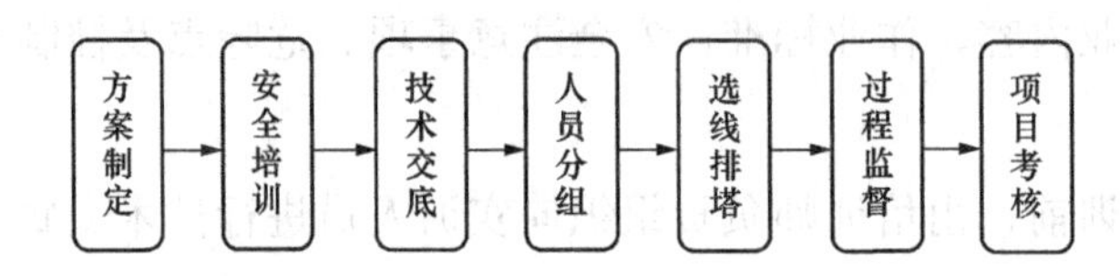

图 1-3　室内选线、杆塔排位实训流程

1. 实训前的准备

（1）人员准备。

1）所有进入实训现场的人员，需对规程规范、管理制度、安全工器具、工器具和作业指导书进行培训，经过安全技术交底后方可进入实训室。

2）实训过程必须遵循安全技术措施，并做好现场监护工作。已交底的措施，未经审批人同意，不得擅自变更。

3）进入实训室的人员统一穿着工作服，室内严禁吸烟。

（2）工器具准备。选线和排塔主要使用专用设计软件道亨设计系统在电脑上完成：

1）所有实训人员需要对号进入各自工位。

2）开机检查机器是否工作正常，各软件是否正常启动。

3）选线和排塔软件是否能正常从服务器关联地图。

2. 室内选线、杆塔排位实训操作流程

室内选线、杆塔排位实训操作流程如图 1-4 所示。

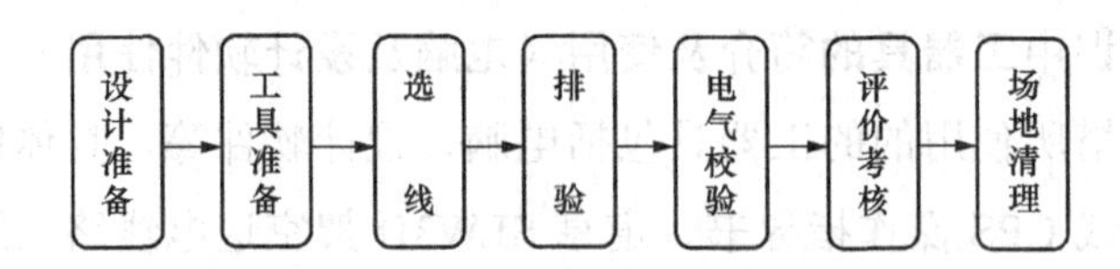

图 1-4　室内选线、杆塔排位实训操作流程

八、实训中的技能要点

（1）导入 GPS 数据时一定要选择对应的格式、单位，行列映射时要对应经纬度坐标，防止错列或错行。

（2）输出桩位成果表要选择正确的位置。

（3）选完线一定要实际考察，仔细检查地形，选择较好方案。

（4）插入转角桩时随时观察下方的简易平断面图，可以规避高差悬殊地形。

（5）排塔时先排耐张塔（终端塔和转角塔）再排直线塔，可以有效防止遗漏转角塔。

（6）排塔时随时观察杆塔上方是否出现红色文字，可以随时排除错误。

（7）排塔时首先以对地距离来分布杆塔距离和位置，可以最大优化排位。

九、实训后的收整

（1）每次完成选线和排塔后，各个工位一定要注意先上传和保存设计数据，再退出设计系统。

（2）按照操作要求正常关机，不能直接切断电源。

十、实训项目的技能考核关键环节

（1）室内实训人员也应着工作服，严禁在室内吸烟。

（2）严格遵守实训室安全规定、按照操作指导操作。

（3）选线前必须检查地图是否关联。

（4）选线过程中必须进行方案选择和优化。

（5）选完线必须在规定位置进行桩位成果表输出。

（6）排塔前必须进行杆塔、导地线和金具串选型。

（7）对地面、跨越物的安全距离必须设置安全裕度。

（8）塔型优先选用最小呼称高度。

（9）直线塔必须进行摇摆角设置。

（10）全自动电气校验通过后，必须上传设计结果。

（11）要输出施工图和材料一览图。

十一、操作步骤

操作步骤见附录B　室内选线、杆塔排位实训作业指导书。

项目二

基础施工基础知识及标准化实训项目

【项目描述】

本项目为基础施工工序标准化实训技能操作练习。包括：基础施工基础知识及质量验收；经纬仪的基本操作；利用经纬仪进行基础分坑和交叉跨越测量。

【教学目标】

了解基础施工流程和质量要求，熟悉地脚螺栓式现浇基础质量验收项目；规范操作经纬仪进行水平角、竖直角和视距的测量；能够在他人配合下进行基础分坑和交叉跨越测量。

【实训安全风险点】

（1）正确佩戴安全帽，小心划伤、跌伤。

（2）对于经纬仪等精密仪器，定期保养，防止损坏。

任务一　基础施工基础知识

杆塔基础施工工序是输电线路施工中占用时间最长、隐蔽项目最多的一个工序，安全、质量问题较多。

一、基础形式

高压架空送电线路的杆塔基础按杆塔基础形式分为电杆基础和铁塔

基础。电杆基础分为埋杆基础和三盘基础。地质条件较好的地区采用埋杆基础，挖好坑后直接将电杆下段安放在基坑内。地质条件相对不太好的地区采用三盘基础（底盘、拉盘和卡盘），利用底盘承受电杆本体的下压力，利用拉盘和卡盘承受电杆的倾覆力。

铁塔基础按制作方法分为预制基础（分为预制钢筋混凝土基础和预制金属基础）、现浇混凝土基础、桩式基础、掏挖基础、岩石基础等。

1. 预制基础

预制基础也叫装配式基础。它主要应用在交通运输条件不好的地区，利用金属构件或钢筋混凝土构件组成装配式基础。这种基础目前很少使用。

2. 现浇混凝土

目前广泛采用这种基础。根据是否配钢筋分为现浇混凝土基础和现浇钢筋混凝土基础；根据立柱形状不同，又分为现浇阶梯直柱混凝土基础和现浇阶梯斜柱混凝土基础；根据塔腿和基础的连接情况又分为插入式基础（塔腿下段主材直接插入基础）和地脚螺栓式基础（通过预先浇制在混凝土内的地脚螺栓与塔脚连接），如图 2-1 所示。

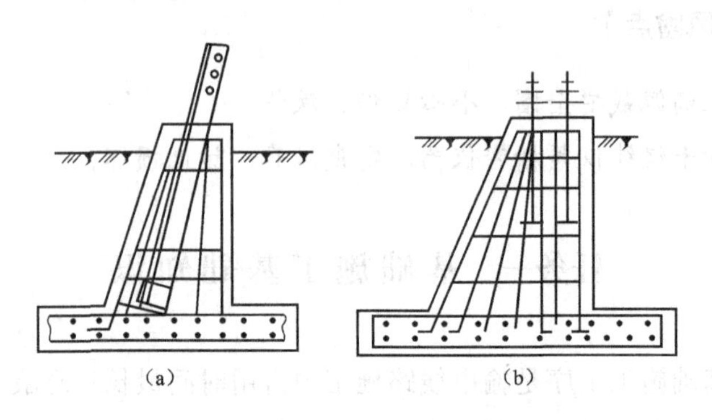

图 2-1 现浇混凝土基础示意图

（a）插入式基础；（b）地脚螺栓式基础

（1）现浇阶梯直柱混凝土基础。这是一种适用各电压等级、应用较广泛的基础形式。根据土质不同，又分为钢筋混凝土直柱基础和素混凝土直柱基础两种。

（2）现浇阶梯斜柱混凝土基础。目前，500kV架空输电线路广泛使用这种基础。根据斜柱混凝土截面不同，又分为等截面斜柱混凝土基础、变截面斜柱混凝土基础及偏心斜柱混凝土基础。偏心斜柱混凝土基础主柱受力比直柱基础更加合理，但是会给模板制作与安装、操平找正等工序带来一定的难度，所以这种基础应用不广泛。

3. 桩式基础

根据桩的长度可将桩式基础分为深桩基础和浅桩基础。深桩基础用于跨越河流，建立在河滩或河床上，桩柱的长度超过15m。深桩基础采用专用的机械成孔设备成孔，放入钢筋笼后再浇筑混凝土而形成桩基础。浅桩基础用在地下水较丰富地区或流沙、沼泽和泥水地质。浅桩基础的桩体分为预制桩和现浇灌注桩两种。预制桩需要专门的打桩设备，将预制桩打入地下；现浇灌注桩则需要先成孔，成孔的方法有机械成孔和人工掏挖两种。

4. 掏挖基础

掏挖基础是指以人工或机械掏挖基坑（基坑成孔的方法有人力掏挖、机械开挖和爆破方法），再浇灌混凝土的铁塔基础。此基础适用于黏土、亚黏土、碎石土及岩石等地质，且地下水位应低于混凝土基础底面。其特点是紧贴基础周围的原状土全部或大部分不被破坏，无需支模或部分支模，无需填土。也称为原状土模基础或挖扩短桩基础。常见的掏挖基础有全掏挖型基础、半掏挖型基础和带挡板的掏挖型基础三种。

5. 岩石基础

岩石基础是利用机械设备或人工爆破开挖的方式成孔，然后将钢筋放入孔内并灌注砂浆的一种基础。其凭借岩石、砂浆间和锚筋间相互的黏结力，抵抗杆塔和导线传递下来的外力，以保证杆塔结构的稳定。根据岩石的种类和风化程度，岩石基础分为直锚式、承台式、嵌固式、拉线式和自锚式五种。这种基础主要应用于山区。

二、基坑开挖基础知识

1. 普通土坑开挖

土坑开挖施工工艺流程图如图 2-2 所示。

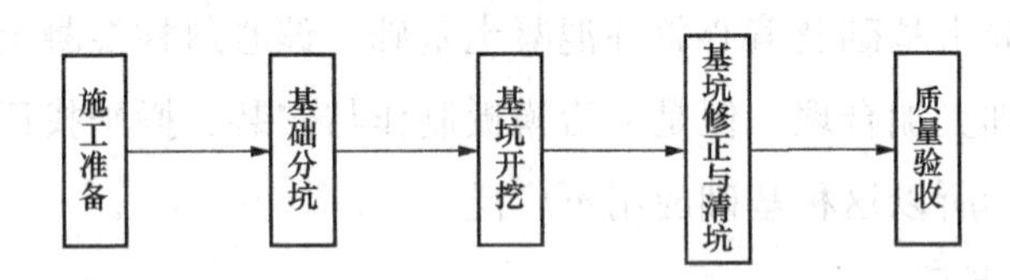

图 2-2 土坑开挖施工工艺流程图

人工开挖基坑时，坑底面积在 $2m^2$ 以内只允许一坑一人操作；坑底面积超过 $2m^2$ 时，可由两人同时进行挖掘，但不得面对面作业。当坑下土无法抛至地面时，应在坑口设吊篮及绳索，由人工提拉土方或使用三脚架吊运土方。对于土石方量较大的杆塔基坑且地形许可机械到达时，一般采用机械开挖。有地下设施时，严禁机械开挖。机械开挖应注意预留 150～300mm 厚的土层，便于人工清理找平。机械开挖过程中，要选好机械位置并将机械支垫牢靠，防止其向坑内倾倒。掏挖基础的掏挖部分必须采用人工挖掘。

按基础分坑的尺寸、方向进行基坑开挖，普通基础开挖时坑壁应留有适当坡度，必须根据土质类别按规程设计要求进行放坡。基坑开挖过程中应经常测量和校核其平面位置、水平标高和边坡坡度等是否符合规范设计要求，根据操平情况按设计要求对基坑进行修正清坑。

掏挖式基础进行土方开挖时，根据根开，在基础坑口中心桩的延长线上钉井字桩或十字桩，用以控制坑口位置，开始开挖尺寸应略小于实际尺寸的 30～50mm 并随时修正；每开挖 0.5m 左右以坑中心为基准用锤球确定所挖部分的偏差值并找正。掏挖方法以人工掏挖为主，使用短把铁锨、凿、钢钎等工具作业。为保证土质的整体性和稳定性，开挖过程在扩孔范围内不得堆放土方。

基础施工应以施工设计基面为基准，普通基础坑深允许偏差为-50～+100mm，坑底应平整，尺寸满足基础施工要求。掏挖式基础坑深允许偏差为0～+100mm，掏挖基础要保持坑壁完整，坑深及断面尺寸不允许有负偏差。

2. 泥水坑及流沙坑开挖

泥水及流沙坑开挖施工工艺流程如图2-3所示。

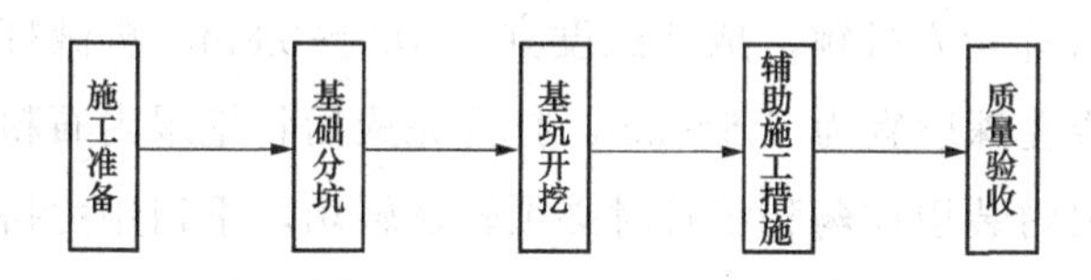

图2-3 泥水及流沙坑开挖施工工艺流程

基坑开挖过程中坑壁无明显塌落现象，且坑内积水或地下出水量不大可直接抽水（一般采用机动水泵排水）。排水时，将坑内的一角挖一个槽，使水流入槽内便于抽水，坑内排出的水要及时导流到远处，以免流回坑内。将坑内积水基本抽净，方可挖方。整个挖方过程中，应严格控制坑内积水，边抽水边挖方。开挖过程中，坑内积水或地下出水量不大，但坑壁有明显坍塌现象时，除直接抽水外，应设挡土板，挡土板应支档坑壁牢靠，防止坑壁坍塌。

对地下水位较高和土质易坍塌的基坑开挖时可采用井点降水、沙管井降水等辅助施工措施。在基坑开挖时使地下水位降至坑底以下，实现无水开挖土方作业。

3. 岩石基坑开挖

岩石基坑开挖施工工艺流程如图2-4所示。

基坑开挖前应进行基面清理，清理后的施工基面应使岩石裸露，清理

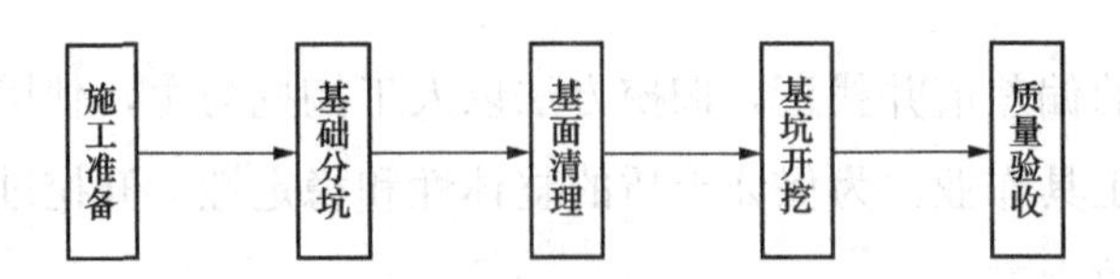

图 2-4　岩石基坑开挖施工工艺流程图

范围应比基坑口略大，保留必要的施工裕度。

石坑开挖采用爆破挖方时必须遵守《民用爆炸物品安全管理条例》和爆破安全规程的有关规定。爆破挖方一般分为打孔、装药、爆破、清渣和修坑几个步骤。炮眼打孔一般分人工打孔和机械打孔。人工打孔需要两人一组，一人扶钎一人打锤，成孔深度宜为 0.6～0.8m。机械打孔使用凿岩机或风钻，成孔深度宜为 1.5～2m。打孔完成后将炮眼内石粉和杂物清除干净，向炮眼内装填炸药和雷管时必须轻送轻填，不得用力挤压药包。严禁使用金属工具向炮眼内捣送炸药，装药后用泥土填塞孔口。爆破操作必须由专业爆破作业人员严格按照国家相关规定和 DL 5009.2—2004《电力建设安全工作规程　第 2 部分：架空电力线路》的各项要求进行。爆破要控制好基础尺寸，使周边围岩不受破坏，爆破后需清理坑内石渣，排除松动石块，然后继续打孔爆破，直至完成基坑开挖作业，当不能采用爆破作业时，直接用人工或机械凿石挖方。

岩石基础坑深允许偏差为+100～0mm，坑底应平整，尺寸满足基础施工要求，岩石嵌固及断面尺寸不允许有负偏差。

三、现场浇筑基础施工基础知识

现浇混凝土基础施工工艺流程图如图 2-5 所示。

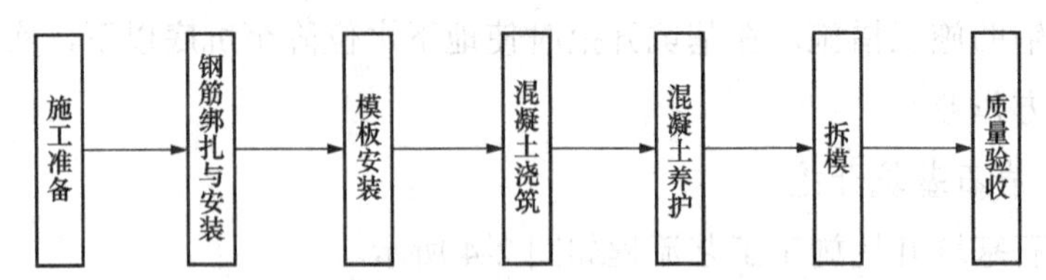

图 2-5　现浇混凝土基础施工工艺流程图

1. 施工准备

按规范和施工图要求对基坑尺寸进行检查。掏挖基础和岩石基础坑深及断面等尺寸不允许有负偏差。当基础坑深与设计坑深偏差大于+100mm时，其超深部分应铺石灌浆。对照施工图纸，对地脚螺栓或插入式角钢和钢筋进行核对，严禁混淆。

施工用机具准备就绪，布置到位，主要包括搅拌机、振动棒、磅秤、测量仪器（经纬仪、塔尺等）、模板、小推车、铁铲、坍落度桶、试块模等。

2. 钢筋的绑扎与安装

（1）钢筋加工。钢筋加工方法有手工加工和机械加工。

（2）钢筋绑扎安装。钢筋安装时，主筋按设计间距排列，用箍筋将主筋绑扎成笼，箍筋应与受力主筋垂直设置，其弯钩折合处应在主柱角上的主筋处，并沿受力主筋方向错开设置。各交叉点必须全部扎牢。钢筋弯钩朝向按图纸要求布置，尽量一致。

3. 模板安装

模板表面应采取有效脱模措施，以保证混凝土表面质量。模板安装顺序，一般先支好下层模板，然后自下而上支立模板，直至主柱安装固定。模板及其支撑应具有足够的承载力、刚度和稳定性。能承受浇筑混凝土的重力、侧压力及施工荷载。配置模板应使其合缝严密，各部位的尺寸、形状及相互位置符合设计图纸要求。在立柱主筋上端应采取垫块等措施，以保证主筋保护层的厚度。对于掏挖式基础和岩石嵌固式基础，应利用坑模进行混凝土浇筑，只需要安装基础外露部分的模板。

地脚螺栓安装前必须检查地脚螺栓的规格尺寸是否符合设计，应除去浮锈，将地脚螺栓安装在小样板上，尺寸校核准确，安装地脚螺栓帽，保证地脚螺栓外露高度符合设计图纸要求。地脚螺栓螺纹部分应予以保护。

插入式角钢安装一般采用单腿定位施工，各腿单独找正，立柱模板应牢固支撑，防止水平位移。

4. 混凝土浇筑

现场搅拌混凝土的浇制包括三个不能间断的小工序：搅拌混凝土，向基础坑内浇灌混凝土，捣固混凝土。如果现场条件允许，可以采用商品混凝土，这样可以省去基础备料和搅拌混凝土。

5. 混凝土养护

混凝土浇筑完毕后，对混凝土硬化过程应采取保护措施。常用的养护方法有自然养护、覆盖式养护和养护剂养护。

6. 拆模

拆模时应保证基础表面及棱角不损坏，避免碰撞地脚螺栓及插入式角钢，防止松动。拆模后清除地脚螺栓或角钢上的混凝土残渣，地脚螺栓丝扣部分涂抹黄油。对于斜柱式基础拆模时，应有防内倾措施。基础拆模经表面质量检验合格后应立即回填，回填土应分层夯实，每回填 300mm 后夯实一次。坑口的地面上应筑防沉层，防沉层的上部宽度不得小于坑口边宽。回填后应全面清理施工现场，做好成品保护，初步恢复地貌。

7. 质量验收

浇筑基础应表面平整，基础各主要尺寸允许偏差应符合 GB 50233—2014《110kV～750kV 架空输电线路施工及验收规范》的要求。

（1）立柱及各底座断面尺寸允许偏差为–1%。

（2）同组地脚螺栓中心对立柱中心偏移允许偏差为 10mm。

（3）地脚螺栓露出混凝土表面高度允许偏差为–5～+10mm。

（4）整基基础中心与中心桩间的位移允许偏差：直线塔基础横线路方向允许偏差为 30mm；转角塔基础横线路方向允许偏差为 30mm，顺线路方向允许偏差为 30mm。

（5）基础根开及对角线尺寸允许偏差：地脚螺栓式基础允许偏差为±2‰；主角钢插入式基础允许偏差为±1‰；高塔基础允许偏差为±0.7‰。

（6）基础顶面或主角钢操平印记间相对高差允许偏差为5mm。

（7）整基基础扭转允许偏差：一般基础允许偏差为10′、高塔基础允许偏差为5′。

任务二　地脚螺栓式现浇基础检查实训

一、实训前的准备

1. 技术准备

（1）技术资料，包括基础施工图、基础施工手册、架空输电线路施工及验收规范等。

（2）对学员进行技术交底，使学员了解被检查基础的信息，并从施工图中查出检查项目的设计值。

2. 工器具准备

需准备粉笔、水笔、笔记本、钢卷尺、盒尺、铅笔、施工线。

二、地脚螺栓式现浇基础检查内容

1. 钢筋部分

（1）主筋间距、数量：检查主筋数量与施工图是否一致。测量主筋间距时，先确定一根基准主筋，用粉笔做记号，然后依次测量相邻的两根主筋。用钢卷尺测量相邻两个主筋中心，并读取出两主筋的间距。允许误差为±10mm。

（2）钢筋表面质量外观检查：检查钢筋表面，应洁净，无油渍、漆污和铁锈；无损伤。钢筋应平直，无局部曲折。

（3）钢筋笼整体工艺检查：对照施工图，检查现场钢筋笼弯钩方向与设计图纸方向是否一致。

2. 模板部分

（1）坑口、坑底清理：坑口边0.8m内无积土，坑底无杂土、杂物。

（2）模板外观检查：模板内表面应平整，边角完好顺直，无损坏，相连模板接缝严密。

3. 拆模部分

（1）地脚螺栓防腐、防锈措施：地脚螺栓丝扣露出部分应涂黄油并用牛皮纸包裹。

（2）立柱断面尺寸：用盒尺分别量取基础立柱横向、纵向边到边尺寸。允许偏差为–1%mm。

（3）混凝土外观质量：表面平整，无蜂窝、麻面漏筋现象。

（4）地脚螺栓露出基面高度：量取地脚螺栓露出基础面底部与顶部的高度。允许偏差为（–5mm，+10mm）。

（5）地脚螺栓小根开：与主筋间距测量方法相同，用钢卷尺量取两个相邻地脚螺栓中心距离，允许误差为±2mm。

（6）地脚螺栓中心对立柱中心允许偏差：首先确定地脚螺栓中心（方法是用施工线8字缠绕法，两对角的地脚螺栓缠绕）；再确定立柱中心（方法是用钢卷尺分别量出基础立柱四个边的尺寸，在每个边尺寸一半的位置上用铅笔画印，最后将其相连接）；相交点即为立柱中心。地脚螺栓与立柱中心找到后，用盒尺测量基础立柱与地脚螺栓两中心的间距，即为偏心。允许误差为10mm。

三、安全注意事项

（1）进入现场正确佩戴安全帽。

（2）现场检查需要上下基坑，注意不要踩空跌伤。

（3）进行钢筋检查时，需注意防止钢筋或铁丝将手划伤。

任务三　经纬仪的基本操作实训

测量工作在输电线路工程中的应用非常广泛。在工程施工阶段，需要依据图纸，借助测量仪器对杆塔位置进行复测；依据杆塔中心桩测量杆塔基础的位置；观测架空线的弧垂等。常用的测量仪器有水准仪、经纬仪、全站仪、GPS，其中经纬仪是最基本的测量仪器，依据《输电线路施工验收规范》，采用DJ2经纬仪进行现场测量。

通过本任务实训，使输电线路新入职学员正确掌握经纬仪的基本操作，规范使用经纬仪进行水平角、竖直角和视距的测量。

一、实训前的准备

1. 人员要求

输电线路专业新入职学员，需熟悉Q/GDW 1799.2—2013《国家电网公司电力安全工作规程　线路部分》，具备必要的安全生产知识，并经考试合格，且已参加过输电线路测量理论培训。

2. 工器具准备

需准备DJ2经纬仪、三脚架、塔尺、皮尺、粉笔、记录本。

3. 准备工作安排

（1）分组：4～6人一组，每个小组一台仪器，每名学员得到充分的练习和指导。

（2）每天开班前会，交代实训任务、所用器材、注意事项等。

4. 经纬仪的使用

经纬仪属于精密仪器，使用时应注意维护保养，防止损坏，定期检修、检验。

二、经纬仪基本操作实训流程

（1）经纬仪的对中整平操作。

（2）采用测回法进行水平角测量。

（3）竖直角的测量。

（4）视距和高差的测量。

三、经纬仪基本技能操作要点

1. 对中

对中的目的是使仪器度盘中心与测站点在同一铅垂线上。对中的方法有两种：一是垂球对中；二是光学对中器对中。由于垂球对中精度较低，且使用不便，工程测量中一般采用光学器对中。

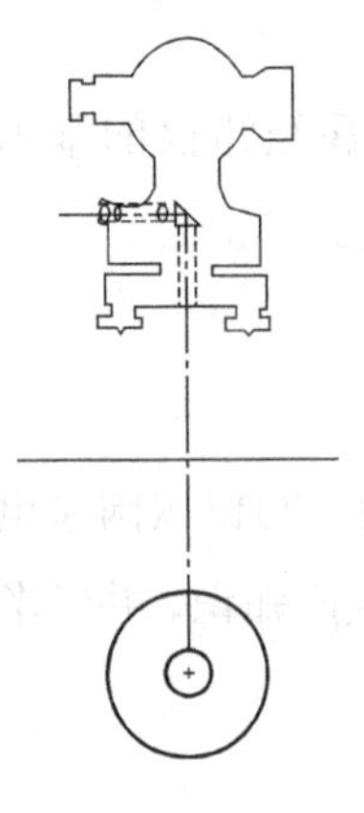

图 2-6 对中操作示意图

对中操作要点如下：

（1）打开三脚架，装上经纬仪并固定牢固。

（2）调节仪器光学对中器的目镜和物镜，使得视线和测桩点清晰。

（3）固定三脚架一脚，双手持另两脚并不断改变仪器位置，直到地面测桩点中心与光学对中器刻划圆圈中心重合，如图 2-6 所示。

（4）踩实脚架。

2. 整平

整平的目的是使仪器的水平度盘水平，竖轴在铅垂线上。整平包括粗平（粗略整平）和精平（精确整平）两项。

整平操作要点如下：

（1）粗平：调节三脚架腿的高度，使圆水准器的气泡居中，仪器安置平面大致水平，注意脚架尖位置不得移动。

（2）精平：首先使照准部上的水准管与任一对脚螺旋的连线平行，两手同时向内或向外转动脚螺旋 1 和 2，如图 2-7（a）所示，使水准管气泡居中。水准管上气泡移动方向与左手大拇指运动方向一致，然后，将照准部旋转 90°，如图 2-7（b）所示，使水准管大约处于 1、2 两脚螺旋连线的垂线上，转动第三个脚螺旋，使水准管的气泡居中。上述步骤需反复进行，直至水准管气泡在任何位置都居中为止，否则水准管本身有误差需校正。

整平要求气泡偏离量最大不应超过 1 格。

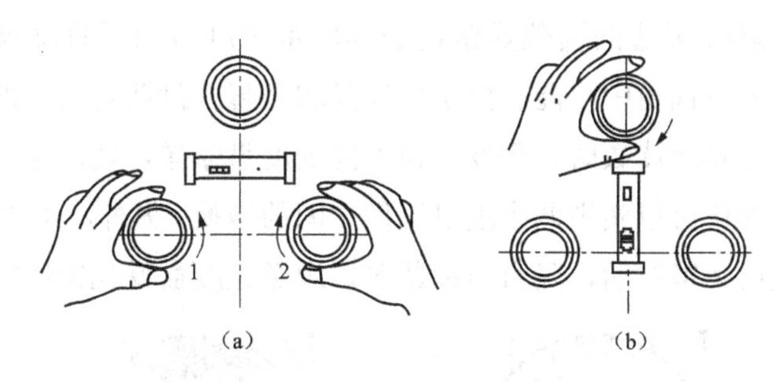

图 2-7 精平操作示意图

（a）水准管与两脚螺旋连线平行时精平操作示意图；

（b）水准管与两脚螺旋连线垂直时精平操作示意图

（3）经纬仪在初步整平后会出现对中偏离，此时可松开仪器固定螺旋，在三脚架上移动仪器即可达到精确对中。注意移动经纬仪底座时，可以前后、左右移动，严禁转动。

（4）重新对中后还需按精确整平的方法再次整平，重复以上操作，如此反复进行，直到对中整平都符合要求为止。

3. 瞄准

瞄准的目的是使视准轴对准观测目标的中心。它包括目镜对焦、物镜对焦、初步瞄准、精确瞄准等基本操作。

瞄准的操作要点如下：

（1）调节望远镜目镜调焦螺旋，使十字丝清晰。

（2）利用粗瞄器，粗略瞄准目标，固定制动螺旋。

（3）调节望远镜物镜调焦螺旋使目标成像清晰，注意消除视差。

（4）调节制动、微动螺旋，精确瞄准。

（5）测水平角时，用十字丝的竖丝单丝与目标重合或用竖丝双丝夹粗目标，如图 2-8 所示。

4. 读数

通过望远镜旁边的读数显微镜去读取水平度盘和竖直度盘的数值。DJ2 经纬仪读数视窗中只能看到水平度盘和竖直度盘两者之一的影像，水平角和竖直角测量读数时，需要变换不同的度盘影像，使用位于经纬仪横梁上的换像手轮可以实现两个度盘影像之间的转换。另外，水平角读数时，用水平度盘反光镜照明，竖直角读数时，用竖直度盘反光镜照明。

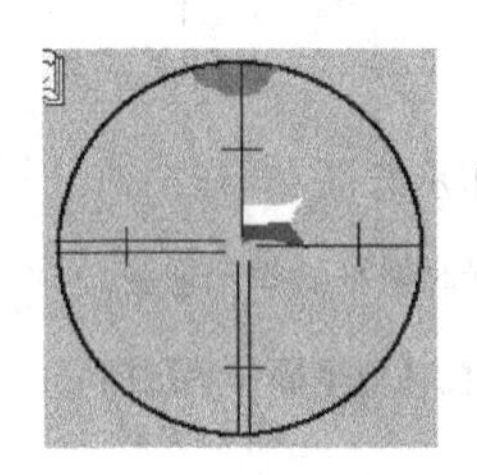
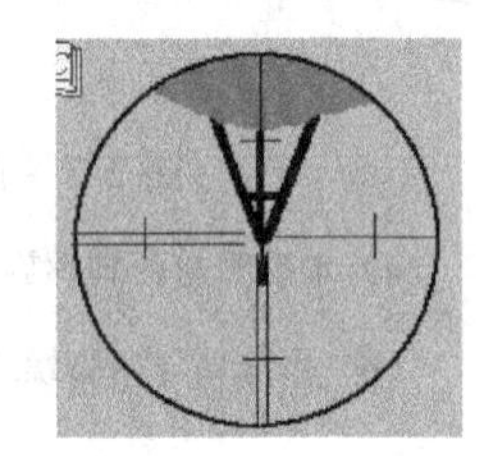

图 2-8　瞄准操作示意图

读数操作要点如下：

（1）调节反光镜，使读数视窗亮度适中。

（2）调节读数显微镜的目镜调焦螺旋，使度盘、测微尺及指标线的影像清晰。

（3）转动测微手轮，使分划线重合窗中上、下分划线精确重合。

（4）在读数窗中读出度数。

（5）读数方法：如图 2-9（a）所示，整度数由上视窗中央或偏左的数字得到，上视窗凸出的小方框的数字为整十位分数；在左侧测微尺读数窗中，根据指标线的位置，直接读出分数的个位和秒数的十位，并估读秒数的个位。将各个读数相加，即得到水平度盘的读数。如图 2-9（b）所示，水平度盘的读数为 65°54′2″或 65°54′3″均可。

（6）归零时，先用测微手轮把左侧测微尺读数窗中分数的个位和秒数归零，再用拨盘手轮把度数和分数的十位归零，同时使分划线重合窗中上、下分划线重合。

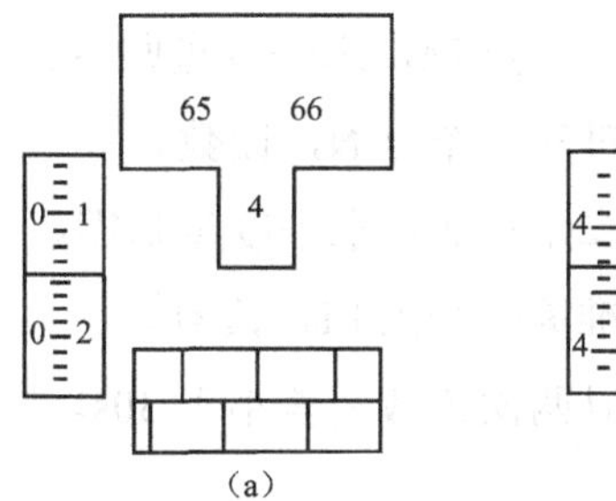

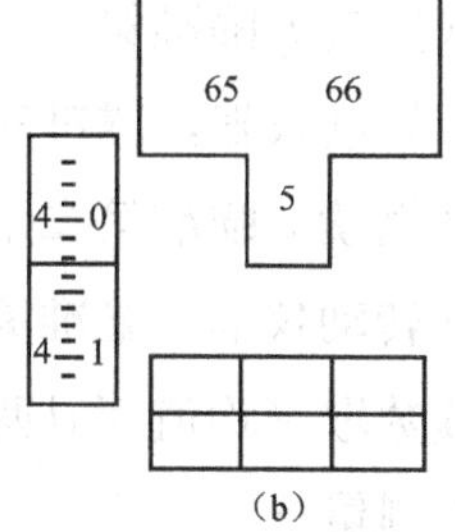

图 2-9 读数操作示意图

四、测回法水平角测量

水平角是地面上一点到两个目标点的方向线，垂直投影到水平面上所形成的夹角。也是经过该两条方向线的两个铅垂面所夹的二面角，如图 2-10 所示，A、O、B 为地面上任意三点，通过直线 OA 和 OB 分别做两个铅垂面，它们与水平面的交线 oa 和 ob 的夹角就是 OA、OB 所夹的角。水平角的测量采用测回法，测回法是在测站点安置经纬仪后，用盘左和盘右各观测水平角一次，盘左观测时为上半测回，盘右观测时为下半测回。如两次观测角值相差不超过允许误差，则取其平均值作为一测回的水平角测量结果。

图 2-10 水平角定义

测回法水平角测量操作顺序如下：

（1）如图 2-11 所示，安置仪器于 O 点，对中整平操作。

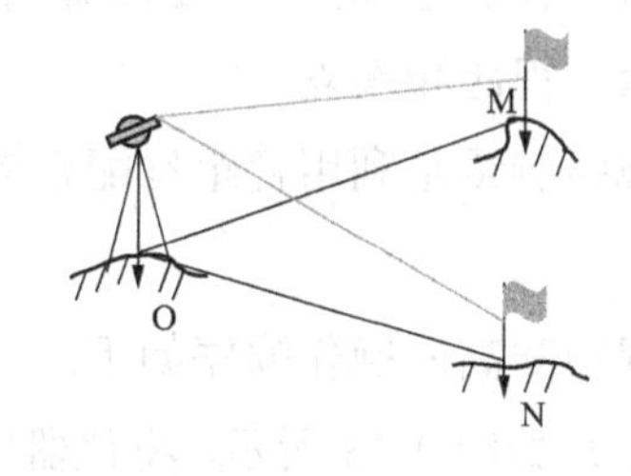

图 2-11 测回法水平角测量操作示意图

（2）盘左（正镜）瞄准第一个点M，水平度盘归零。

（3）顺时针转动仪器，瞄准第二个点N，读数。

（4）盘右（倒镜）瞄准第二个点N，水平度盘归零。

（5）逆时针转动仪器，瞄准第一个点M，读数。

（6）两次读数取平均值而且两次读数之差小于30s。

五、竖直角测量

竖直角是在同一铅垂面内，观测视线与水平线之间的夹角。其角度范围在−90°～+90°。如图2-12所示，视线在水平线上方，竖直角为仰角，符号为正；视线在水平线下方，竖直角为俯角，符号为负。

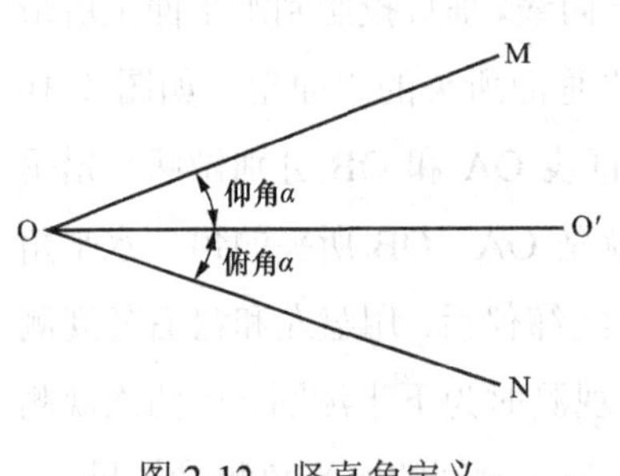

图2-12 竖直角定义

竖直角测量操作顺序如下：

（1）安置仪器于O点，对中整平操作。

（2）盘左（又称正镜）照准目标，转动测微手轮，使分划线重合窗中上、下分划线精确重合，直接读数，记录盘左测量数值。

（3）盘右（又称倒镜）照准目标，转动测微手轮，使分划线重合窗中上、下分划线精确重合，直接读数，记录盘右测量数值。

（4）依据公式计算，计算后的数值取平均值。

盘左计算公式： $\alpha_{左}=90°-$盘左测量数值 （2-1）

盘右计算公式： $\alpha_{右}=$盘右测量数值$-270°$ （2-2）

六、视距和高差

视距测量是利用视距丝配合塔尺读数来完成的。一般分为全丝和半丝读取。

视距和高差操作顺序如下：

（1）如图2-13所示，将仪器安置于A点，对中整平，量出仪器高度i。

（2）在B点竖立塔尺，塔尺应垂直。

（3）盘左（又称正镜）照准塔尺，分别读取视距丝上、下丝读数，并计算出视距值。

（4）根据视距值和几何关系计算 A、B 两点的水平距离。

（5）根据仪器高度和中丝读数，计算 A、B 两点的高差。

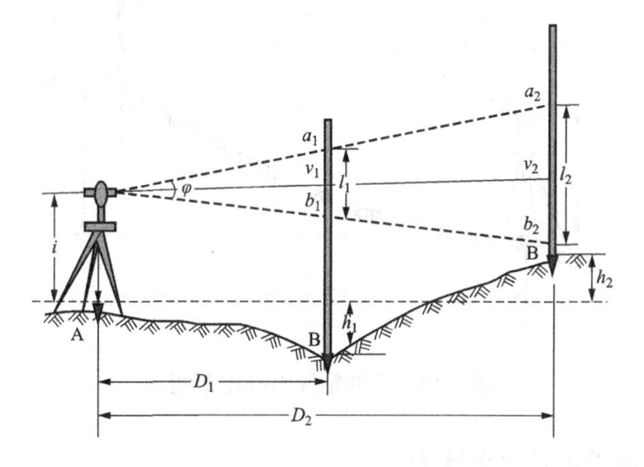

图 2-13 水准轴水平时视距测量

仪器中心 A 与视距尺 B 的水平距离和高差计算公式

$$\frac{D_1}{l_1}=\frac{D_2}{l_2}=K$$

$$D=K\cdot l \tag{2-3}$$

$$h=i-v \tag{2-4}$$

式中 D——A、B 两点的水平距离；

K——视距常数（一般仪器 K=100）；

l——上、下两视距丝在视距尺上读数之差；

h——A 点相对于 B 点高差；

i——仪器高度；

v——目标高度，即中丝读数。

（6）视准轴倾斜时，如图 2-14 所示。

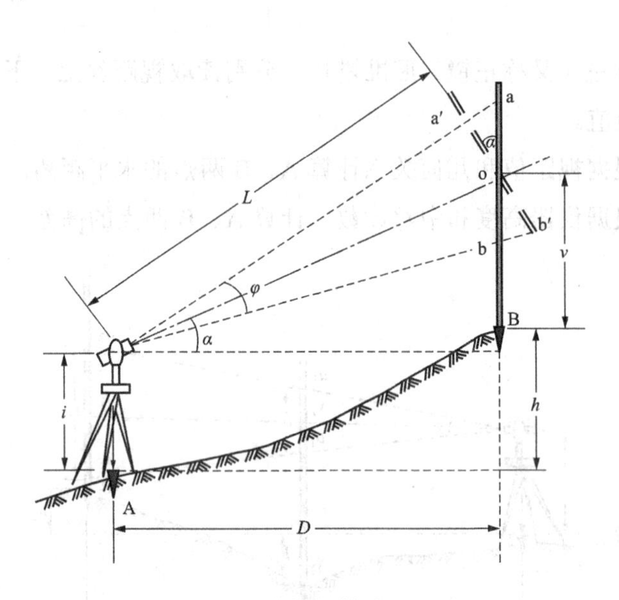

图 2-14 视准轴倾斜时视距测量

视距和高差的计算公式为

$$h = \frac{1}{2}Kl\sin 2\alpha + i - v \quad (2\text{-}5)$$

$$D = L\cos\alpha = Kl\cos^2\alpha \quad (2\text{-}6)$$

式中 D——A 点和 B 点之间的距离；

l——望远镜内两视距丝在视距尺上读数之差；

K——视距常数，K=100；

α——倾斜视准轴线和水平线间的竖直角；

h——A 点相对于 B 点的高差；

i——仪器高度；

v——目标高度，即中丝读数。

七、实训后的工作

（1）回收仪器：松动所有制动手轮，合上反光镜、拨盘手轮盖。扣上镜头盖，将仪器轻轻放回箱内，将三脚架收回。

（2）清理现场：清点仪器、工具等，清洁地面。

任务四 基 础 分 坑

杆塔基础分坑测量，就是根据设计的杆塔基础平面布置图，把各杆塔基础坑的位置正确地测设到线路指定的杆塔位上，并钉立木桩作为基础开挖的依据。基础分坑包括分坑数据计算和坑位测量两个步骤。

通过本任务实训了解铁塔基础的分坑方法，在其他人配合下能进行正方形基础分坑和转角塔基础分坑。

一、分坑前的准备

（1）实训前必须编制分坑尺寸明细表。该表包括杆塔形式、基础根开（正面、侧面）、基础对角线（包括基坑远点、近点、中心点）及坑口尺寸等项目，对于终端、转角、换位等特殊杆塔，应根据设计单位规定的中心桩位移值及位移方向列出明细表。

（2）基础分坑测量前，必须依据设计提供的数据对杆塔位中心桩的位置、直线方向、转角角度、档距和高程以及重要交叉跨越物的高度和危险断面点等进行全面复核，并以此作为测量的基准。复测有下列情况之一时，应查明原因并予以纠正：

1）以相邻直线桩为基准，其横线路方向偏差大于50mm。

2）杆塔位中心桩或直线桩的桩间距离相对设计值的偏差大于1%。

3）转角桩的角度值，用测回法复测时对设计值的偏差大于1′30″。

4）高程复核值与设计值的偏差大于0.5m。

5）转角杆塔中心桩位移未满足设计要求。

6）塔基断面与设计文件不相符。

在线路复测中，所复测项目的测量方法、步骤和技术要求同杆塔定位测量的相应部分，同时还应注意下列问题：

1）测量用的仪器及量具应在使用前进行检查校核，符合精度要求。

2）在雨雾、大风、大雪等恶劣天气不能进行复测工作。

3）各类桩上标记的符号应清晰，无用的桩位应拔掉废置，以防误认为杆塔位中心桩。

4）复测前要先检查杆塔位中心桩是否稳固，如有松动现象，应先钉稳后再复测。

5）为保证线路连续正确，各施工区段复测时，必须将测量范围延长至相邻区段的两个杆塔位中心桩，并相互协调，直至线路贯通并与设计图纸相符。

6）补测的杆塔位中心桩要牢固，必要时采取一定的保护措施，以防中心桩的丢失或被碰动。

7）复测完成后，应及时准确填写复测记录。

（3）设计交桩后，丢失的杆塔位中心桩应按设计数据予以补桩。

（4）分坑时应根据杆塔位中心桩的位置设置用于质量控制及施工测量的辅助桩。对于施工中不便于保留的杆塔位中心桩，应在基础外围设置辅助桩，并保留原始记录。

二、正方形基础分坑

1. 分坑数据计算

分坑数据是根据设计的杆塔基础施工图中所示的基础根开、基础底座宽、坑深及安全坡度（根据土壤安息角确定坑的坡度）等数据来计算的。

坑口尺寸是根据基础底面宽、坑深、坑底施工操作裕度以及安全坡度进行计算的，如图 2-15 所示。坑口尺寸计算公式为

$$a=D+2e+2fH \tag{2-7}$$

式中　a——坑口放样尺寸；

D——基础底面宽度，设基础底面为正方形；

e——坑底施工操作裕度；

f——安全坡度；

H——设计坑深。

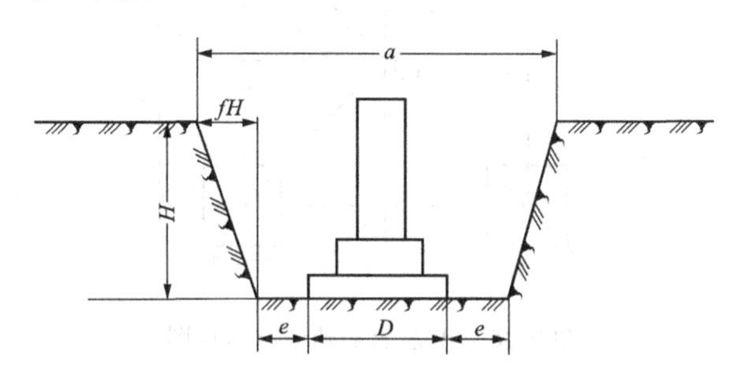

图 2-15　基础坑尺寸

一般基坑开挖的安全坡度和施工操作裕度见表 2-1。

表 2-1　　一般基坑开挖的安全坡度和施工操作裕度

土 壤 类 别	砂土、砾土、淤泥	砂质黏土	黏土	坚土
安全坡度 f	1:0.67	1:0.5	1:0.3	1:0.22
坑底施工操作裕度 e	0.3	0.2	0.2	0.1～0.2

正方形基础的根开相等，坑口尺寸也相等，线路中心线与基础坑对角线的水平夹角为 45°，如图 2-16 所示。塔位中心桩 O 距坑口中心及远角点、近角点的距离分别为

$$L_{OA}=\frac{\sqrt{2}}{2}(L-a) \tag{2-8}$$

$$L_{OC}=\frac{\sqrt{2}}{2}(L+a) \tag{2-9}$$

$$L_{OB}=\frac{\sqrt{2}}{2}L \tag{2-10}$$

式中　L——基础全根开；

a——坑口边长。

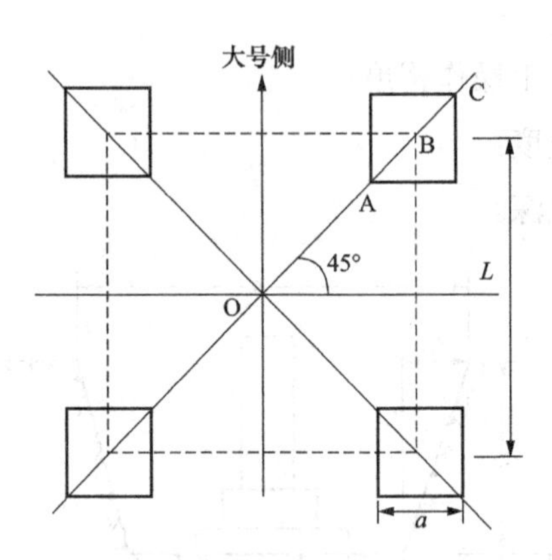

图 2-16　正方形基础分坑示意图

2. 基础坑位测量

分坑测量操作步骤见附录 C　输电线路专业正方形基础分坑实训作业指导书。

三、转角塔基础分坑

转角塔基础分坑分为中心桩无位移和中心桩有位移两种。其分坑方法如下：

1. 测设辅助桩

测设中心桩无位移转角杆塔辅助桩时，如图 2-17（a）、（b）所示，先在转角桩 J 上安置经纬仪，用望远镜照准线路前方相邻杆塔位中心桩，按顺时针方向测出（180°–β）/2（β 为线路转角），沿视线方向钉辅助桩 A，倒转望远镜沿视线方向钉辅助桩 B。然后水平转动照准部 90°，沿正倒镜视线方向分别钉出 C、D 辅助桩。

对于中心桩有位移的转角塔基础，即转角桩与中心桩之间有一定的位移，距离 S，如图 2-17（c）所示。其辅助桩测量方法是：先按测量无位移转角杆塔辅助桩的方法，测量出 A、B 辅助桩，并沿 JA 方向自 J 桩量出位移距离 S_y，在地面上钉出塔位中心桩 O。然后经纬仪安置在 O 点上，用望远镜照准辅助桩 A，再水平转动照准部 90°，按正倒镜方法分别钉出 C、D 辅助桩。

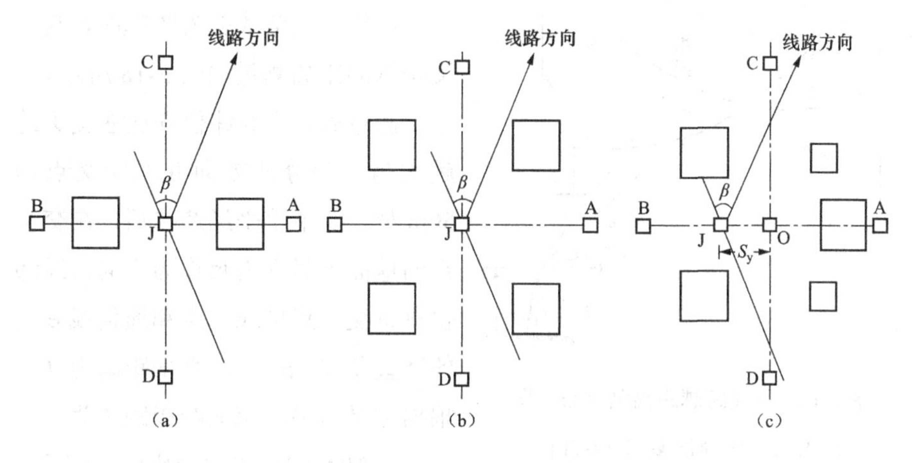

图 2-17　转角塔辅助桩测量

2. 分坑测量

以互相垂直的两条直线 AB 和 CD 为分坑基准线，根据四个辅助桩 A、B、C、D，按相应直线杆塔基础的分坑步骤和方法进行分坑。若坑口宽不等时，应大坑在转角外侧，小坑在转角内侧。

操作步骤见附录 D　输电线路专业无位移转角塔分坑实训作业指导书。

任务五　交叉跨越垂距测量实训

新建的输电线路与其他输配电线路、重要的通信线路、铁路、公路、架空管索道等交叉跨越时，必须进行交叉跨越测量。测量主要交叉跨越处的实际垂直高度，并按实测的数据，换算出最高气温时导线的最大弧垂对被跨越物的最小垂直距离，校核该垂直距离是否符合规定电气距离要求。

通过本任务实训，掌握交叉跨越的操作要领，在其他人配合下能进行

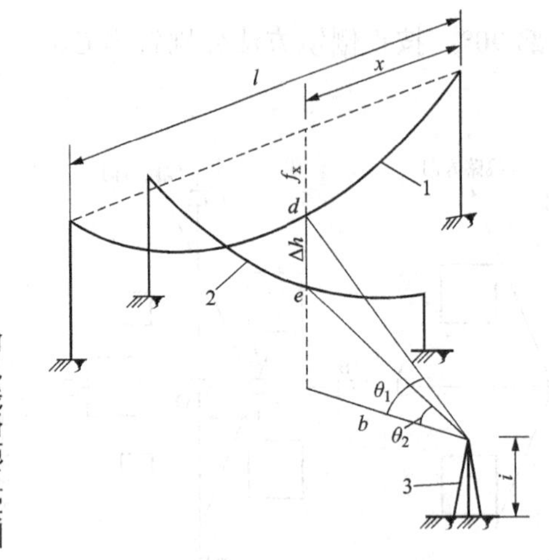

图 2-18　交叉跨越距离测量布置图

1—导线；2—通信线；3—经纬仪

交叉跨越测量。

一、测量交叉跨越数据计算

导线与通信线交叉跨越时，其交叉跨越的距离测量如图 2-18 所示。

测量时，将经纬仪安放在交叉跨越大角二等分线方向并距交叉点约 50m 处，对中整平经纬仪后，在交叉点的地面上竖立塔尺作为方向，经纬仪测量交叉点导线 d 点和通信线 e 点的竖直角 θ_1 和 θ_2，水平距离为 b，根据测量结果，交叉跨越距离为

$$\Delta h = b(\tan\theta_1 - \tan\theta_2) \tag{2-11}$$

因为测量时导线的弧垂并不一定是最大弧垂情况，因此导线在最大弧垂时的交叉跨越距离 h_0 为

$$h_0 = \Delta h - \Delta f_x \tag{2-12}$$

$$\Delta f_x = 4\left(\frac{x}{l} - \frac{x^2}{l^2}\right)\left[\sqrt{f^2 + \frac{3l^4}{8l_0^2}(t_m - t)\alpha} - f\right] \tag{2-13}$$

式中　Δf_x——导线弧垂 f_x 换算为最高温度时导线弧垂的增量，m；

f——测量时导线档距中央的弧垂，m；

f_x——测量时导线在交叉点的弧垂，m；

l——交叉点所在电力线路的档距，m；

l_0——代表档距，m；

t_m——最高温度，℃；

t——测量时最高温度，℃；

α——导线热膨胀系数，1/℃；

x——交叉点到最近杆塔的距离，m。

二、交叉跨越垂距测量

交叉跨越垂距测量操作步骤见附录 E　输电线路专业交叉跨越距离测量实训作业指导书。

任务六　基础施工实训项目的考核点及习题

一、基础施工实训项目的考核点

1. 考核项目

测回法水平角测量。

2. 考核方式

教考分离、平时成绩与考核成绩相结合。

3. 评分标准

（1）准备工作：

1）仪器出箱时应一手握住把手，一手托住底座；手握的位置有差错扣 2 分；仪器出箱后应检查各制动螺栓是否松动，未检查扣 2 分；仪器未摘镜头盖扣 1 分，未合箱盖扣 2 分。

2）支好三脚架，固定仪器后，高度过高或过低，角度过大或过小扣 2 分。

（2）对中整平操作：

1）用光学对中器对中，使中心点准确处于分划板的小圆圈中心，在小圈内但略偏差扣 1 分，偏出小圈扣 2 分，偏出大圈外扣 5 分。

2）整平后，长水准管的气泡允许偏离 1 格，超出 1 格扣 2 分，以此类推。

（3）测水平角：

1）水平角测量应先盘左，再盘右，测量方法不正确扣 4 分。

2）瞄准目标，固定水平度盘，未瞄准扣 2 分，未制动扣 2 分。

3）归零后未及时扣拨盘手轮盖扣 1 分，归零不准确扣 2 分。

4）读数时用测微手轮对丝后，然后读取数据，对丝不准确扣 2 分。

（4）回收仪器：

1）回收前，松动仪器的所有制动手轮，合上反光镜、拨盘手轮盖，未松制动扣 3 分，未合盖一项扣 2 分。

2）仪器装箱时，应扣上镜头盖，将仪器轻轻放回箱内。镜头盖未盖扣 1 分，入箱动作不规范扣 2 分，三脚架不按规范动作回收扣 2 分。

3）清点仪器、工具等，清洁地面，未清理扣 2 分。

（5）测量数据分析：

1）盘左与盘右数值相对误差要求在 30″以内，30″及以上扣 2 分。

2）平均值与标准值偏差不超过 10″，每多 10″扣 2 分，最多扣 20 分。

（6）操作时间：限制在 15min 内完成，每超时 1min 扣 1 分，超时 5min，停止操作。不足 1min 按 1min 算，小于 15min 不加分数。

（7）其他问题。

1）安全文明：操作过程中不触碰三脚架，不发生仪器摔落，不强行转动已制动的部件等现象，发现有以上不安全行为一次扣 2 分，因操作不当引起仪器损坏扣 15 分。

2）平时成绩：根据考勤、实训积极性等情况判分，总分数 15 分。

二、问答题

1．施工测量包括哪些内容？

答：①校核中心桩、档距及高差；②进行基面下降测量；③分坑；④测重要交叉跨越杆塔和重要交叉跨越物的标高；⑤基础安装、操平、找正；⑥杆塔校正和架线后的测量；⑦弧垂观测与检查。

2．铁塔现浇基础的施工步骤有哪些？

答：①基坑开挖和钢筋骨架的加工；②钢筋绑扎与安装；③模板安装；④混凝土浇筑；⑤基础养护；⑥拆除模板及浇制保护帽；⑦质量验收；⑧回填土。

3．如何进行正方形基础的分坑工作？

答：（1）找到中心桩 O，核实无误后架设经纬仪于桩上，完成对中、整平操作。前后视后，分别于中心桩位前后设置出方向桩。

（2）经纬仪顺时针旋转 90°，在横线路方向打下第一个辅助桩，然后打倒镜，在横线路方向另一侧打下第二个辅助桩。

（3）依据基础根开、基础开挖边长计算出中心桩 O 至坑口内角 A、坑口外角 C、坑口中心 B 的距离。

（4）经纬仪顺时针旋转 45°，固定水平度盘进行右前基坑分坑。分坑尺寸按 OA、OB 数据定出 A、C 两点。再以 A、C 两点为基准，用 $2a$ 取中法定出另外两点（a 为基坑开挖边长）。

（5）使用倒镜，同样方法把左后腿基坑分出来。

（6）经纬仪再次对准前视辅助桩，水平度盘归零，左旋转至 315°，同样方法进行左前基坑分坑。

（7）使用倒镜，同样方法把右后腿基坑分出来。

项目三

杆塔地面组装基础知识及标准化实训项目

【项目描述】

铁塔地面组装作为杆塔组立施工的一个基础环节，其施工技术及方案将对电力建设工程有着根源性影响。本实训项目为送电工程专业的核心知识点之一，通过学习相关知识和操作技能，进而掌握送电工程专业杆塔地面组装的相关知识。

【教学目标】

通过《杆塔地面组装》实训项目的练习，了解地面组装铁塔施工过程，掌握组装流程、工艺标准化要求及质量验收规范。

【实训安全风险点】

（1）杆塔地面组装场地应平整，障碍物应清除。

（2）塔材不得顺斜坡堆放。

（3）塔材码放时，需在下层塔材与地面接触处稳固安放垫物，且应有防止塔材滑动的措施。

（4）搬运码放的塔料时，应以自上而下的顺序搬运。

（5）构件连接对孔时，严禁将手指伸入螺孔找正。

（6）在分段组装铁塔构件过程中，传递小型工具或材料不得抛掷。

（7）分段组装铁塔应遵循以下规定：

1）构件就位时应先低侧后高侧，构件未全部连接前，禁止身体倚靠和依托塔材。

2）多人组装同一塔段时，应由一人负责指挥，搬运塔材时轻起轻放。

3）高处作业人员应先将个人防护用具牢靠设置在安装平台上，并将平台滚轮锁定后方可作业。

4）高处人员在登高前应仔细检查工器具，发现损坏严重时，一定要重新更换。

5）作业平台严禁载人移动。

6）应尽量避免上下两层交叉作业。如必须同时两层作业时，上下作业层人员必须正确佩戴安全帽。

（8）在遭遇霜冻、雨雪及大风等恶劣天气时，禁止户外实训作业。

任务一　掌握杆塔地面组装基础知识

一、输电杆塔的分类

随着我国国民经济的持续增长，“十三五”期间仍将坚定不移推进特高压创新发展，使其在保增长、惠民生、调结构、治雾霾等方面发挥更大作用。输电线路杆塔作为架空高压输电线路的重要组成部分，已成为现代电力系统运行与发展的重要保障。输电杆塔按照在输电线路中起到的作用和设计形式可以分为以下几种类型。

1. 按功能分类

输电杆塔按在输电线路中起到的作用可分为：直线塔、耐张塔、换位塔、终端塔、跨越塔和分支塔等常用类型。

（1）直线塔：直线塔是输电线路最常用的一种塔型，也叫过线塔。在输电线路中直线塔一般用来承受导线的重力，即垂直荷载。常见直线塔型有干字型、酒杯型、猫头型等。

（2）耐张塔：位于输电线路的直线、转交及进变电站终端等处，其主要承受来自线路的垂直载荷和线路张力。

（3）换位塔：在中性点直接接地的电力网中，当输电长度超过 100km 时，为了使各相间的电感、电容相等，减少对邻近平行通信线路的干扰，以平衡不对称电流，而设置的导线换位杆塔。输电线路中换位塔分为两种：只承受导线重力和风压力的直线换位杆塔和除承受导线重力和风压力以外还承受来自导线张力的耐张换位塔。

（4）终端塔：用于线路一端承受导线张力的杆塔。常用于线路起点或受电端的线路终点，它的一侧要承受线路侧耐张段的导线拉力，在线路事故情况下，它承受架空线的断线张力。

（5）跨越塔：当线路跨越河流、铁路、公路和其他电力线路障碍时，需要增加铁塔高度保证线路顺利通过，此种增加高度的铁塔为跨越塔，以耐张直线塔居多。

（6）分支塔：输电线路分支处的杆塔，正常情况下除承受直线塔所承受的荷载外，还要承受分支导线等垂直载荷、水平风力荷载和测分支线方向导线的全部张力。在输电线路中，一般为了满足同塔双回路变成单回路，或者由单回路变成双回路的需求而设置，有直线分支和耐张分支两种塔型。

2. 按回路数分类

输电杆塔按照回路数量可分为：单回路、双回路、三回路、四回路、五回路及以上的多回路。采用多个回路设计，其主要目的是保障用电的可靠性。

（1）单回路铁塔。单回路铁塔是指在一个输电铁塔上架设有一回三相供电电源的回路。避雷线为一根或两根。

（2）多回路铁塔。顾名思义，多回路是指在同一条输电杆塔上架设了多条供电电源的回路。采用同塔多回杆塔架设输电线路设计，可以大大增加输电功率，保障和提高供电可靠性，起到平衡负荷的作用。多回路各条线路的电压等级可以相同，也可不同，具体视需要而定。

3. 按结构型式分类

目前，在国内输电线路杆塔设计中，在结构形式上主要分为拉线式杆塔和自立式杆塔两种类型。

（1）拉线式杆塔。由塔头、主体和拉线组成，采用多根锚固于地面的拉线来保持整体稳定的杆塔。拉线式杆塔的拉线一般用高强度钢绞线做成，能够承受很大的拉力，因而使拉线式杆塔充分利用材料的强度特性而减少了钢材耗用量，缺点是占地面积较大。110kV 及以下的单柱带拉线杆塔因其自重较轻，习惯上称为轻型钢杆。

（2）自立式杆塔。不依靠其他辅助设施，自身能承受在合作用、维持整体稳定的杆塔，也称为刚性杆塔。在输电线路中由于其构件形式不同，自立式杆塔主要分为角钢和钢管两种类型，即角钢塔和钢管塔。角钢塔与钢管塔形式如图 3-1、图 3-2 所示，二者技术与经济性的数据比较详见表 3-1。

图 3-1　角钢塔图　　图 3-2　钢管塔图

表 3-1　　技术经济比较汇总表

项　目	角　钢　塔	钢　管　塔
受力性能及塔重	风压大，偏心受力构件多。高塔耗钢量及基础受力较大	风压小，构件受力合理。高塔耗钢量及基础受力较小，塔重比角钢塔减少 10%～20%
加工制造	自动化程度高，焊接工作量小，生产工期短	自动化程度偏低，焊接工作量大，生产工期长
运输安装	单件重量较轻，运输比较方便，施工质量容易检测和保证	运输条件要求高，山区运输困难，法兰螺栓扭矩控制要求高
结构变形	转角塔变形较大	刚度好，变形较小
采购单价		单价较高，约比角钢塔高 40%
外观		具有较好的视觉效果，易与环境相协调

1）角钢塔。角钢塔是将角钢加工成铁塔主材、斜材以及横材作为主要构件的塔型，材质主要采用 Q235、Q345、Q420、Q460 等。较钢管塔而言，角钢塔因材料采购容易，工厂有专门的流水线、有大规模生产的设备和机制、单件质量较轻等突出优势，因而一直以来得到广泛使用。目前，在全球输电线路工程中约占输电线路工程总量的 80%。

2）钢管塔。主要部件采用钢管，其他部件采用钢管或型钢等组成的格构式塔架，主要构件间多以焊接加工的高颈法兰进行连接。钢管塔以其构件风压小、延性好、结构简洁、传力清晰，以及在大荷载杆塔中应用技术和经济优势明显等特点，近年已得到了迅速发展。尤其在大跨越工程和特高压线路中应用较为广泛。已于 2013 年 9 月 25 日投运的我国首条同塔双回路特高压输电线路“皖电东送工程”，全线 1641 基铁塔均采用了钢管塔。随着我国电网建设的突飞猛进，线路输送呈现出长距离、大容量和高电压的特点，同时杆塔荷载和杆塔规模也不断增加，常规的角钢塔已经不能满足铁塔设计的要求，而钢管塔由于良好的受力性能获得了较快的发展应用。

二、铁塔的主要结构及编号原则

1. 铁塔的主要部分及区分

输电线路铁塔主要由塔头、塔身和塔腿三大部分组成，如果是拉线铁塔还要增加拉线部分。导线按照三角形排列的铁塔，下横担以上部分称为塔头；导线按水平排列或者与三角形组合排列的铁塔，则颈部以上部分称为塔头。一般位于铁塔基础上面的第一段桁架称为塔腿；塔腿与塔头之间的各段桁架称之为塔身，如图 3-3 所示。

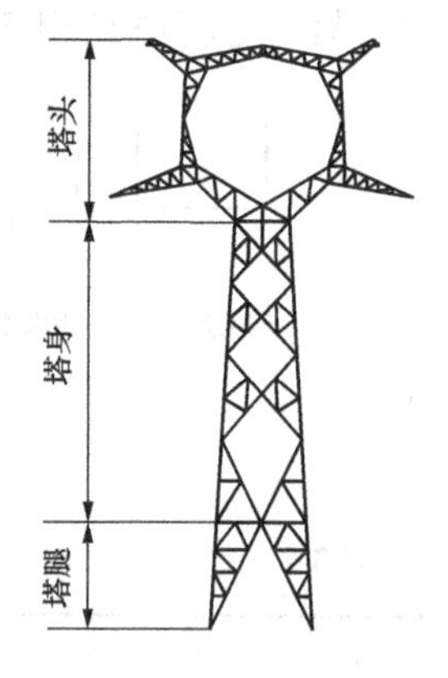

图 3-3 输电铁塔主要组成

输电铁塔的塔身为截锥形的立体桁架，桁架的横断面多呈正方形或矩形。立体桁架的每个侧面均为平面桁架，每一面平面桁架简称为一个塔片。立体桁架的四根主要杆件称为主材。相邻主材之间用斜材（或称腹杆）及水平材（或称横材）连接，这些斜材、水平材统称为辅助材（或辅铁）。

斜材与主材的连接处或斜材与斜材的连接处称为节点。杆件纵向中心线的交点称为节点中心。相邻两节点间的主材部分称为节间，两节点中心间的距离称为节间长度。

2. 铁塔的编号原则

输电铁塔的编号原则，应符合 DL/T 5442—2013《输电杆塔命名规则》的规定。规则将输电杆塔分为自力式杆塔和拉线式杆塔两种结构类型，下面将分别进行介绍。

（1）自力式杆塔：自力式杆塔应按照图 3-4 所示方式组成和排列。在图 3-4 中可以看出，自力式杆塔的命名是由六部分组成的。

1）回路数代号。表示杆塔的回路数，采用 1 位字母表示，应使用杆塔回路数的英文或汉语拼音首字母。单回路省略，双回路用 S 表示，三回路用 T 表示，四回路用 Q 表示，五回路及以上用 D 表示。

2）功能代号。表示杆塔的用途，采用 1～2 位字母表示，应使用杆塔用途中有代表性的 1～2 个汉字的拼音首字母。常用杆塔的功能代号详见表

3-2。紧凑型杆塔在相应功能代号前加字母C。

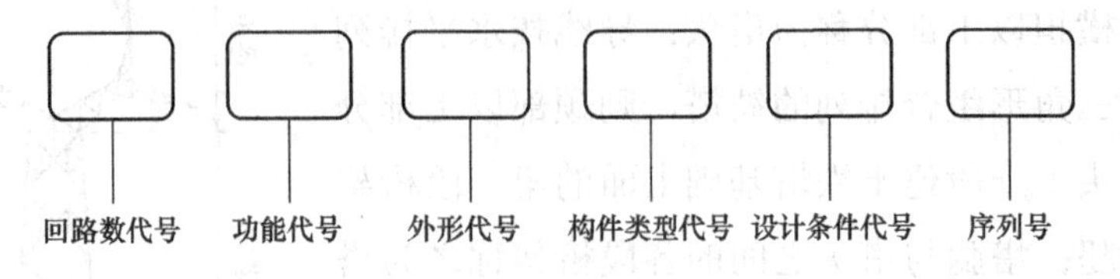

图3-4 自力式杆塔命名规则

表3-2 杆塔功能代号表

序 号	杆 塔 用 途	代 号
1	直线塔	Z
2	悬垂转角塔	ZJ
3	耐张转角塔	J
4	直线换位塔	ZH
5	耐张换位塔	JH
6	终端塔	DJ
7	分支塔	FJ

3）外形代号。表示塔头外形、绝缘子串排列方式、塔腿型式等杆塔外形特征，采用1～5位字母表示，具体编制方式如图3-5所示。

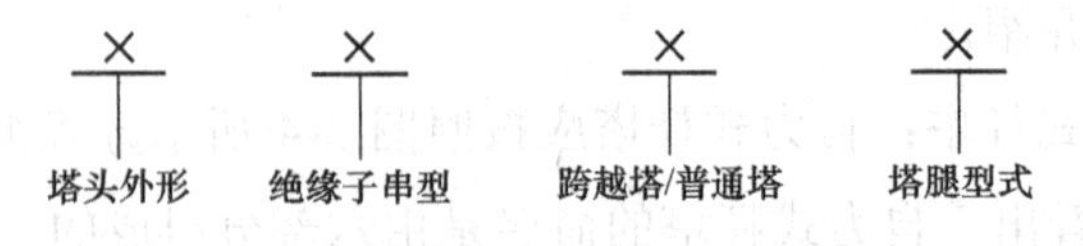

图3-5 外形代号编制规则

a. 塔头外形采用1～2位字母表示，应使用塔头外形中有代表性的1～2个汉字的拼音字母。酒杯型塔用B表示，猫头型塔用M表示，门型塔用Me表示，干字型塔和双回路及以上杆塔省略。

b．绝缘子串采用 1 位字母表示，应使用绝缘子串布置形式的英文首字母。V 形绝缘子串用 V 表示，I 形绝缘子串省略。

c．跨越塔采用 1 位字母表示，应使用杆塔作用的汉字拼音首字母。跨越塔用 K 表示，普通塔省略。

d．塔腿型式采用 1 位字母表示，应使用塔腿型式的汉字拼音首字母。长短腿用 C 表示，平腿省略。

4）构件类型代号。表示杆塔主要构件的类型，采用 1 位字母表示，应使用杆塔主要特征构件的英文或汉字拼音首字母。角钢塔省略，钢管杆用 G 表示，钢管塔用 T 表示，复合材料构件用 C 表示，木杆用 W 表示，混凝土杆用 H 表示。

5）设计条件代号。表示风速、冰厚、导线、海拔等设计条件，用 1～6 位阿拉伯数字和字母组合表示，应按照图 3-6 所示内容编制。

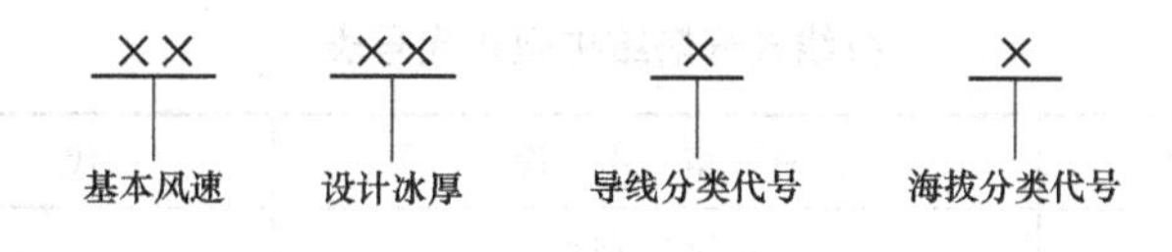

图 3-6 设计条件代号编制规则

a．基本风速采用两位阿拉伯数字表示，单位为 m/s。若全工程只有一种基本风速设计条件，可省略。

b．设计冰厚采用两位阿拉伯数字表示，单位为 mm。若全工程只有一种冰厚设计条件，可省略。

c．导线分类代号采用 1 位字母表示，根据工程实际导线类型、分裂数划分的不同类别，分别依次使用 A、B、C…表示。若全工程只使用一种导线，可省略。

d．海拔分类代号采用 1 位阿拉伯数字表示，根据工程实际杆塔所处海拔划分不同类型，分别依次使用 1、2、3…表示。若全工程只有一种海拔类型，可省略。

6）序列号。表示按不同档距或角度划分的塔型序列编号，采用 1 位阿拉伯数字表示。

（2）拉线式杆塔：拉线式杆塔名称应按照图 3-7 所示方式命名。

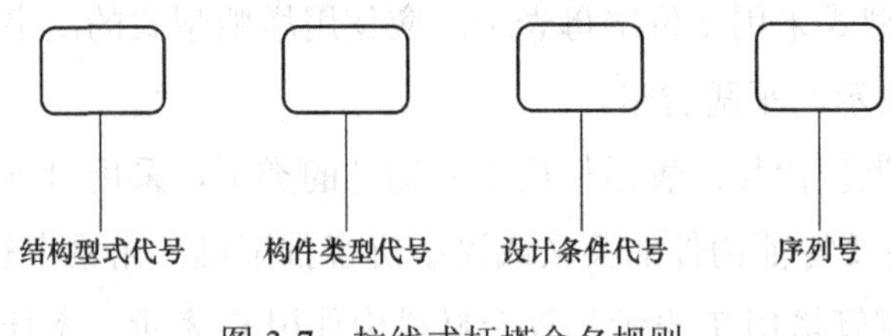

图 3-7 拉线式杆塔命名规则

1）结构型式代号。表示拉线式杆塔外形结构，采用字母表示。拉线式杆塔的结构型式代号应从表 3-3 中选取。

表 3-3 拉线式杆塔结构型式代号表

序　　号	杆 塔 用 途	代　　号
1	拉线 V 型塔	LV
2	拉线门型塔	LMe
3	拉线悬索塔	LX
4	单柱拉线杆塔	L
5	拉线猫头塔	LM

2）构件类型代号、设计条件代号、序列号等的命名形式参照“自立杆塔”中“构件类型代号、设计条件代号、序列号”中的规定。

三、铁塔组装识图基础

输电线路铁塔图纸中所包含的术语、符号、图例、代号、构件规定等内容应符合 DL/T 5442—2010《输电线路铁塔制图和构造规定》中的要求，相关要求如下：

1. 图面一般规定

（1）比例。结构图的比例规定参见表 3-4 内容。

表 3-4　结构图比例表

图　　名	常　用　比　例
单线图	1:100、1:150、1:200、1:300
结构图：用于构件轴线 用于构件轮廓线	1:10、1:20、1:30、 1:15
详图	1:5、1:10

（2）计量单位。

1）在设计图纸中，所涉及数量的数字，应采用阿拉伯数字，计量单位应符合《中华人民共和国法定计量单位》的规定。

2）图纸上标注的尺寸，应以 mm 为单位。

（3）线型。结构图的线型规定参见表 3-5 内容。

表 3-5　结构图线型示意表

名　　称	线　　形	线宽（mm）	一　般　用　途
粗实线	————————	3	结构图中可见的轮廓线
中实线	————————	2	用于单线图、总图
虚线	– – – – – – – – – – – –	2	结构图中不可见的轮廓线
点划线	—·—·—·—·—·—	0.15	中心线、对称线、定位轴线
折断线	——————\/——————	0.15	断开界线
制弯线	—··—··—··—··	0.15	角钢火曲线、钢板火曲线

（4）尺寸。

1）尺寸界线应采用 45°短斜线或小黑点表示。

2）结构的几何尺寸可用相似形标注，如图 3-8 表示。

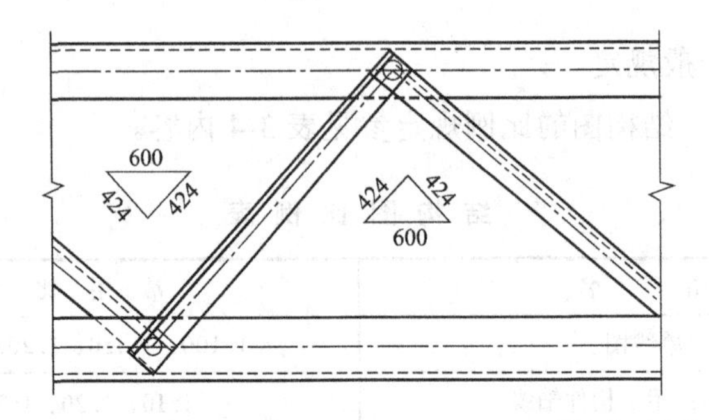

图 3-8　结构几何尺寸标注（单位：mm）

3）标注构件端部至该构件准线交点的尺寸应冠以“+”“-”，表示伸长或缩短；角钢非标准准距、螺栓的非标准间距及端距必须标注，标准距离可不标注，如图 3-9 所示。

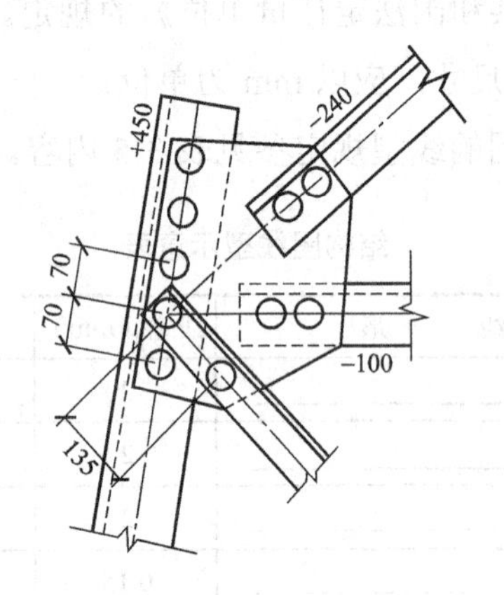

图 3-9　端距及螺栓间距标准示意图（单位：mm）

4）有焊接构件时，应对焊条型号、焊缝高度、焊缝等级及坡口等要求进行说明。

（5）构件标志。

1）总图及结构图中的段号，应用直径为 10mm 单圆圈表示。

2）结构图的构件编号主材用直径 14mm/12mm 双圆圈，其他构件应用直径 8mm 单圆圈表示。

3）角钢表示方法。角钢用大写的“L”表示，如：L140×10，表示角钢肢宽 140mm，肢厚 10mm。在结构图中，高强钢 Q42O、Q390、Q345 在规格前面直接标注，如 Q42OL200×16、Q390L160×12、Q345L140×10，规格前无其他标识表示 Q235 钢。

4）板的表示方法。板在结构图中用短横线“–”表示，如“–10”表示板厚 10mm，高强钢即 Q42O、Q390、Q345 在规格前面直接标注，即 Q42O–16、Q390–14、Q345–10，规格前无其他标识表示 Q235 钢。

5）螺栓采用大写的“M”表示，在结构图中符号标识 M12 全圆涂黑、M16 半圆涂黑、M20 单圆、M24 双圆；规格、长度均在节点附近表示，如 M20×45，表示螺栓直径为 20mm、长度为 45mm。螺栓在构件端头标识螺栓的数量、规格、长度，同一位置有不同规格的螺栓时，应分别标注，如图 3-10 所示。

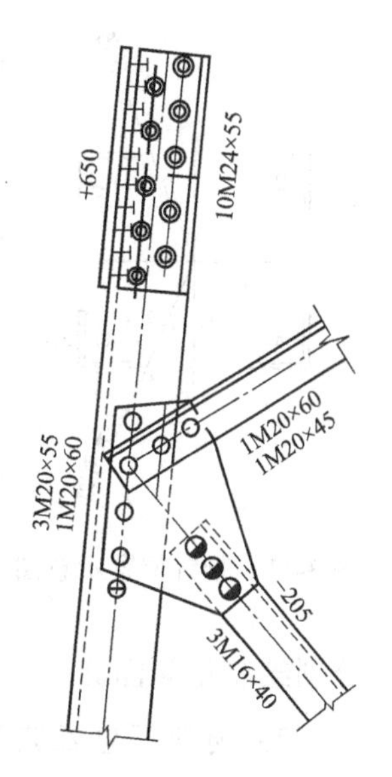

图 3-10 螺栓表示图

（6）铁塔分段和构件编号。如铁塔构件编号超过 99 个、有不同接腿和不同基础形式时结构图宜分段绘制。

1）结构图中除螺栓、脚钉、垫圈外，所有构件均应编号。

2）编号顺序先主材后斜材，从下至上，从左到右；先主材后其他构件，有正面到侧面，最后断面。

3）只绘制正面图时，图中正面、背面的构件编号不同，应在编号圆圈内注明，编号中前后用“Q”“H”表示，或用“前”“后”中文字书写。

4）板件除编号外，在编号圆圈的右上角标注该板件的厚度及材质，

Q235 钢板可省略钢材材质。

5）编号应连续，不宜出现空号或编号后加 A、B 的情况。

6）构件编号为“段号”和“流水号”，如 1012 表示第 10 段结构图的 12 号构件。

（7）脚钉。

1）脚钉一般情况下应安装在线路前进方向右后主材（D 腿）上，多回路塔还应在其对角侧主材上增设脚钉，从基础顶平面上约 1.5m 处开始至塔顶 0.5m 处，在一根主材两肢上交替安装，间距在 0.45m 左右。

2）在汇总图中，脚钉的分布位置如图 3-11 所示。

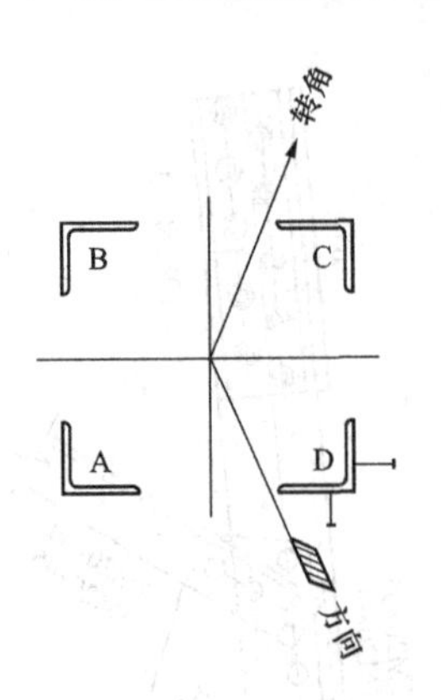

图 3-11　脚钉位置示意图

3）酒杯型、猫头型塔（含直线、转角塔）的曲臂脚钉应左右对称布置，即在头部主材的 A、D 腿上布置脚钉。

4）转角塔脚钉应置于转角内侧或无跳线的一侧。

2. 图纸内容

（1）总图。

1）单线图以最高呼称高为基准，布置于总图的左边，由左向右按呼称高递减连续布置其他接腿。塔身正侧面宽度不同或结构布置不同时，应分别绘制正侧面。

2）材料汇总表放在总图右上侧。统计汇总材料应按各段结构图和不同呼称高分别进行，并按类别（角钢、钢板、螺栓、脚钉、垫圈）、钢号（Q345、Q235）、规格（由大到小）顺序排列。

3）有关本塔特殊要求的说明。

（2）结构图。

1）结构图绘制以正面为主，上、下和侧面结构图，按展开法绘制，即上平面结构图采用俯视法，下平面结构图采用上仰视法，右侧面结构图采用右侧视图法。长短腿结构的塔腿可只绘右侧结构部分。

2）各段结构图应绘制单线图，单线图比例为 1:100，并放在结构图的左上角，并标注上口宽、下口宽、垂直高、准距差等尺寸、段号以及上接段号，如图 3-12 所示。

3）在单线图中，预拱后的用实线表示，预拱前的用虚线表示，结构图以预拱后单线图为基准，如图 3-13 所示。

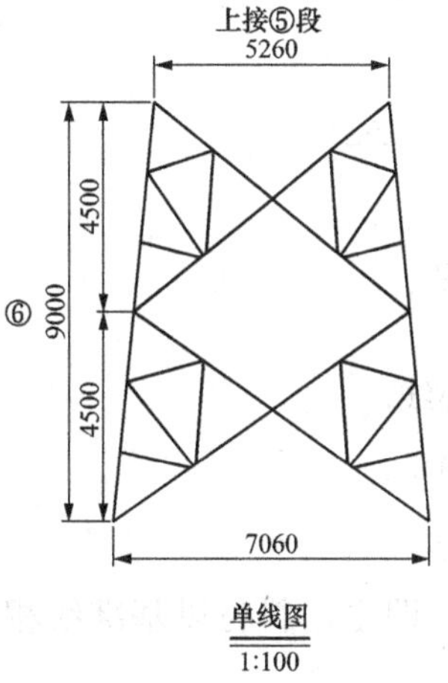

图 3-12 横担预拱单线图

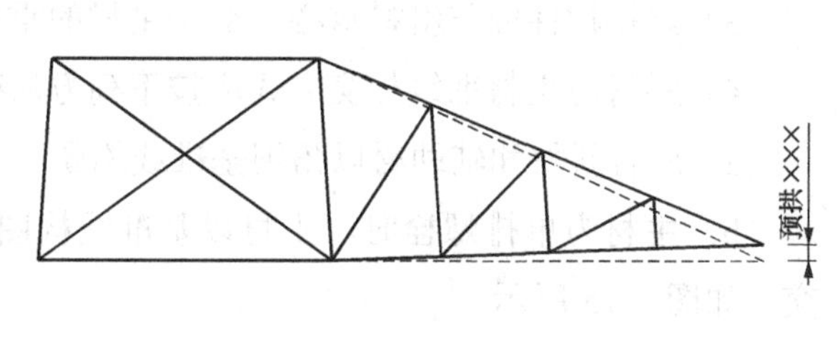

图 3-13 身部单线图

4）结构图应明确表达各节点构造形式，以及本段与相应段的连接方式。

5）分段间的螺栓数量应计入节点板所在段号内。

3. 铁塔构造

（1）一般要求。

1）构件接头采用对接；不同规格的构件对接时，应和外边缘对齐，接头螺栓排列在各自准线上。

2）主材接头设置在节点时，上、下段斜材的准线应交于各自主材准线（如铁塔瓶口、塔身变坡处），如图 3-14 所示。

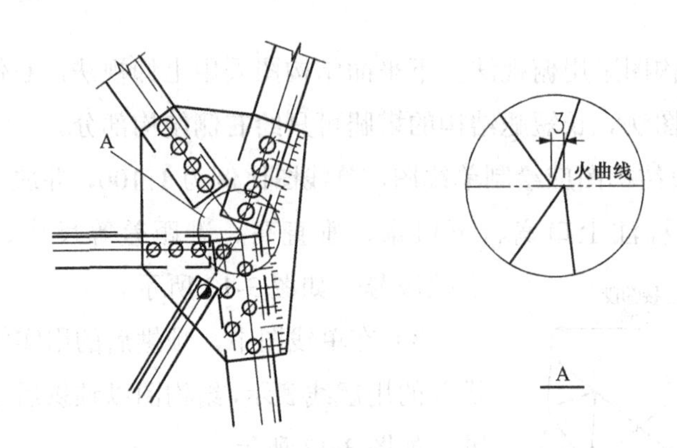

图 3-14　铁塔瓶口处准线构图

3）焊接构件应与斜材重心线交于主材的重心线。

4）斜材与主材准线相交方式应按下列方法确定：

a．所有斜材和辅助材以角钢基准线构图。

b．主材为单排螺栓时，主材以基准线构图，即主、斜材以基准线相交，如图 3-15 所示。

c．主材为双排螺栓时，主材以第一排准线构图，即斜材基准线交于主材第一排准线，如图 3-16 所示。

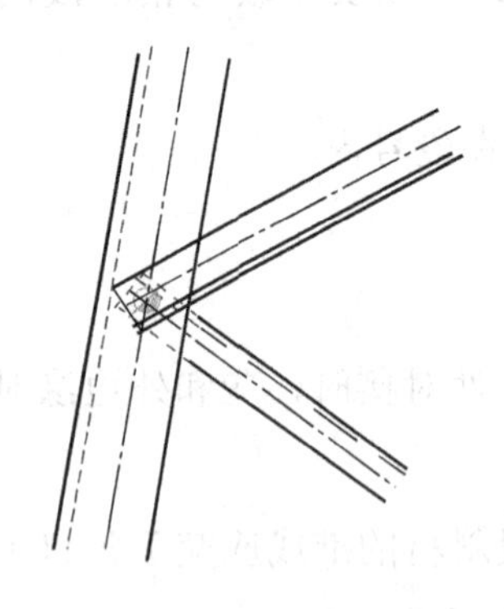

图 3-15　主材单排准线构图

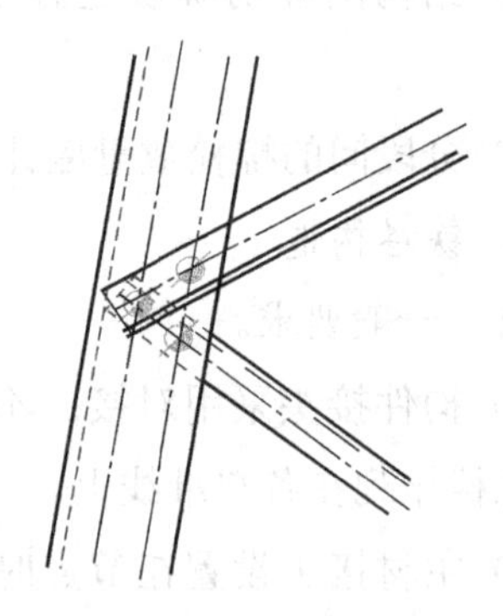

图 3-16　主材双排准线构图

d. 主材为组合角钢时，斜材准线交于主材中心，如图 3-17 所示。

e. 用两个以下螺栓连接的斜材与补助材，宜直接连于主材，不使用节点板连接。

f. 制弯构件，选择顺序应为连接板、短构件、长构件，火曲线与连接构件边缘距离设定为 10mm。

g. 热镀锌构件长度不宜超过 12m，L100 以下角钢构件长度不宜超过 9m，宽度不宜超过 1m。

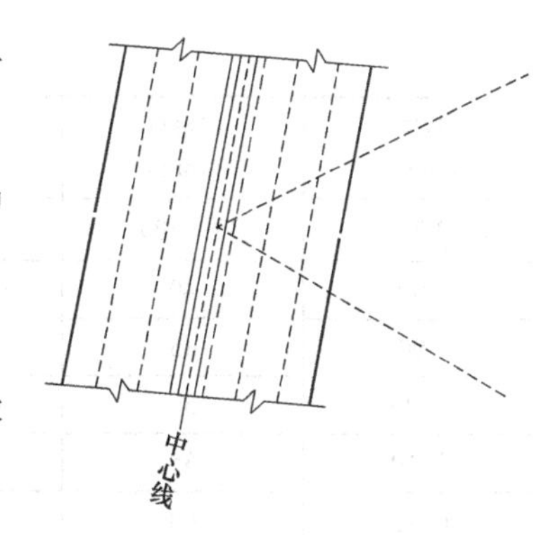

图 3-17 主材为组合角钢图

h. 横担悬臂部分超过 3m 以上应采用预拱，预拱值一般可取横担悬臂长度的 1/100～150，具体值可根据实际外荷载在无风情况下的验算查看其位移确定。

i. 塔腿各主材应设置一个（或两个）接地孔（ϕ17.5），距基础顶面距离为 500～1000mm，地线支架上根据需要设置引流孔。

（2）螺栓排列。

1）角钢准线见表 3-6。

表 3-6 角 钢 准 线 表

肢宽（mm）	基准线（mm）	第一排准线（mm）	第二排准线（mm）	角钢最大使用孔径（mm）
L40	20			17.5
L45	23			
L50	25（28）			
L56	28（32）			
L63	32（36）			21.5
L70	35（40）			

续表

肢宽（mm）	基准线（mm）	第一排准线（mm）	第二排准线（mm）	角钢最大使用孔径（mm）
L75	38（40）			21.5
L80	40			
L90	45			
L100	50			
L110	55	45	75	
L125	60	50	80	
L140	70	55	90	25.5
L160	80	60	105	
L180	90	65	120	
L200	100	75	135	

注 1．根据需要，角钢准线需多排，则标出准线位置。
2．当采用多排准线时，螺栓间距必须满足 2.5 倍的螺栓直径。
3．括号内数字用于当其他构件与本角钢搭接而螺栓边距不足时，在搭接位置上的螺栓孔可使用的准线值，当采用括号内准线值时，需在结构图中标注。

2）螺栓间距、边距见表 3-7。

表 3-7　螺栓间距、边距表（M 代表螺栓）

螺栓直径（mm）	构件孔径（mm）	螺栓间距（mm）		边距（mm）		
		单排	双排	端距	轧制边距	切角边距
M12	13.5	40	60	20	≥17	≥18
M16	17.5	50	80	25	≥21	≥23
M20	21.5	60	100	30	≥26	≥28
M24	25.5	80	120	40	≥31	≥33

3）主材螺栓接头螺栓排列，应按左高右低布置，如图 3-18 和图 3-19 所示。

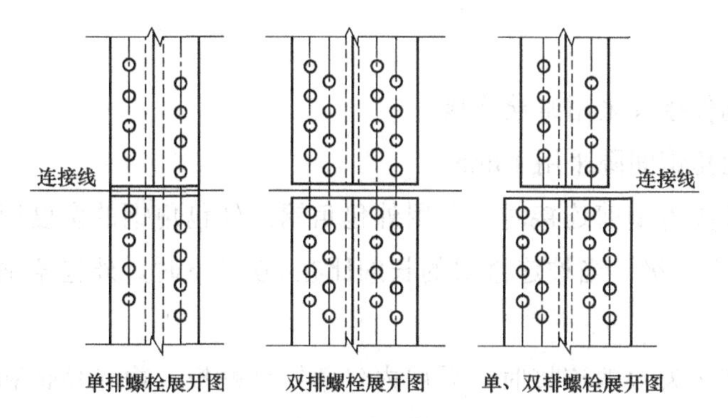

图 3-18 单角钢接头螺栓示意图

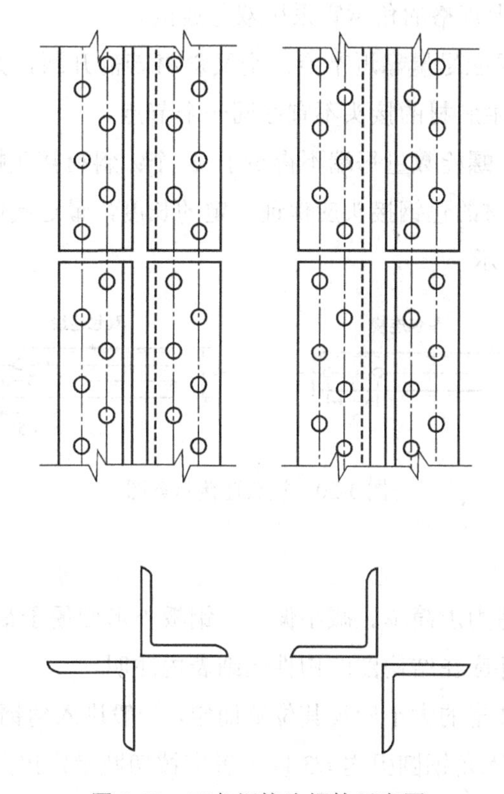

图 3-19 双角钢接头螺栓示意图

（3）接头。

1）构件接头采用螺栓连接。

2）两角钢间隙采用 10mm。

3）接头为单剪连接时，采用外包角钢，外包角钢的宽度应比被连接角钢肢宽大一级，当被连接材的长细比在 80 以下时，外包角钢肢厚再大一级。

4）接头为双剪连接时，采用内包角钢外贴板，内包角钢和外贴板的面积之和不宜小于被连接角钢面积的 1.3 倍。

5）L140 以上规格的角钢宜采用双包连接。

6）接头位置应尽量靠近节点；交叉斜材若需开断，开断位置宜设在交叉点的上部，主斜材的接头不宜在同一个节点。

7）主材接头螺栓数量每端不得少于 6 个；斜材接头螺栓数量每端不得少于 4 个；主材的包钢接头应保证一定的长度，最远端两个螺栓的距离取值如图 3-20 所示。

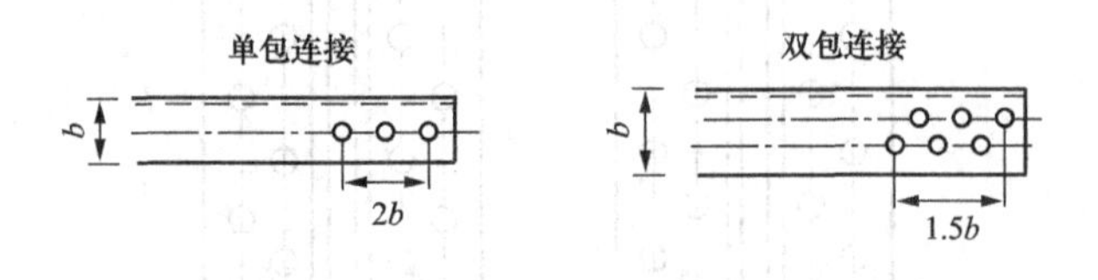

图 3-20　接头连接示意图

（4）节点。

1）节点构造力求简单、减小偏心，钢板外形应便于裁切。

2）制弯构件应在结构图的构件明细表内注明。

3）构件切肢量的大小应视其位置而定，一般进入角钢圆弧内 $r/3$ 及以下可不切肢，进入角钢圆弧内 $r/3$ 以上者应按切肢量定出尺寸。

4）螺栓最大、最小容许距离见表 3-8。

表 3-8　　　　螺栓最大、最小容许距离表

<table>
<tr><th>名称</th><th colspan="2">位置与方向</th><th>最大容许距离
（取两者较小者）</th><th>最小容许距离</th></tr>
<tr><td rowspan="2">中心间距</td><td rowspan="2">顺力线方向</td><td>构件受压</td><td>$12d_0$ 或 $18t$</td><td rowspan="2">$2.5d$</td></tr>
<tr><td>构件受拉</td><td>$16d_0$ 或 $24t$</td></tr>
<tr><td rowspan="3">螺栓中心至构件边缘距离</td><td colspan="2">顺力线方向</td><td rowspan="3">$4d_0$ 或 $8t$</td><td>$1.5d$</td></tr>
<tr><td rowspan="2">垂直力线方向</td><td>切割边</td><td>$1.45d$</td></tr>
<tr><td>轧制边</td><td>$1.25d$</td></tr>
</table>

注　d 为螺栓直径，d_0 为螺栓孔径，t 为外层较薄板件的厚度。

（5）节点板。

1）节点板应保证足够的有效宽度。

2）当节点板的自由边长度 lf 与节点板厚度 t 之比 lf/t>A 时（Q235，A=60；Q345，A=50；Q420，A=45），应沿自由边加强，采用卷边处理或焊加加强板，如图 3-21 所示。

3）节点板厚度应等于或大于斜材或横材肢厚，当斜材长细比不大于 120 时，节点板应加厚 1～2mm。

（6）腿部与基础连接。

1）当采用地脚螺栓连接时，塔脚布置应符合以下要求：

a．主材和斜材的准线的交点应在座板的下平面。

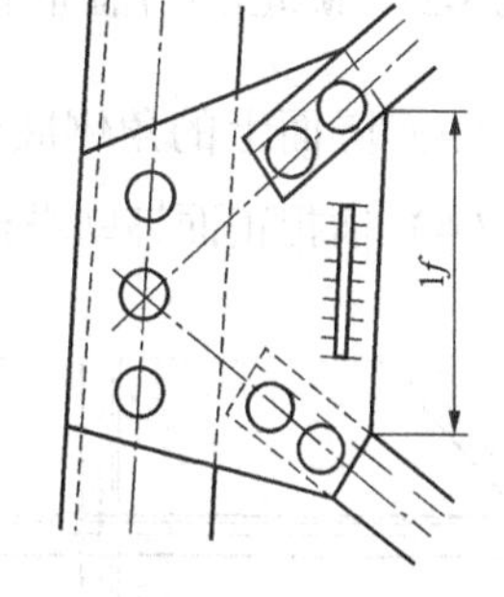

图 3-21　节点板加强处理示意图

b．当主材为单角钢时，基础主柱中心线应与主材 1/2 单排准线重合。

c．当主材为组合构件时，基础主柱中心线即为该组合构件的中心线。

2）当采用插入角钢时，应使插入角钢的单排准线与基础主柱中心线相重合。

4. 角钢肢朝向

角钢塔塔材的安装，对于角钢肢具有朝向规定。

（1）横担上下平面的斜材角钢肢应朝向中心，如图 3-22 所示。

（2）塔身正侧面交叉斜材，无论外贴或内贴角钢肢都应向上安装，如图 3-23 所示。

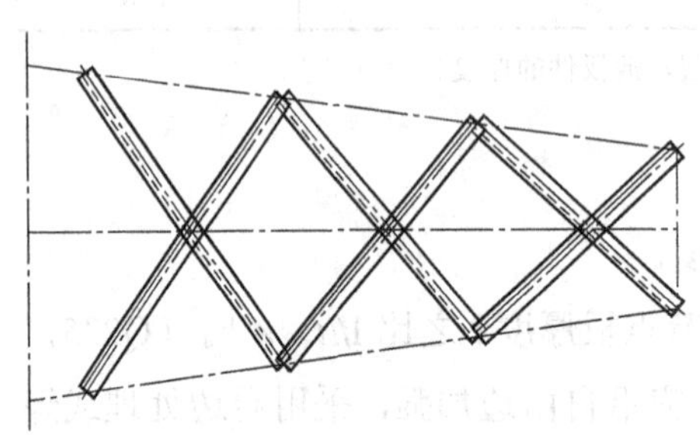

图 3-22 横担上下平面角钢肢向中心

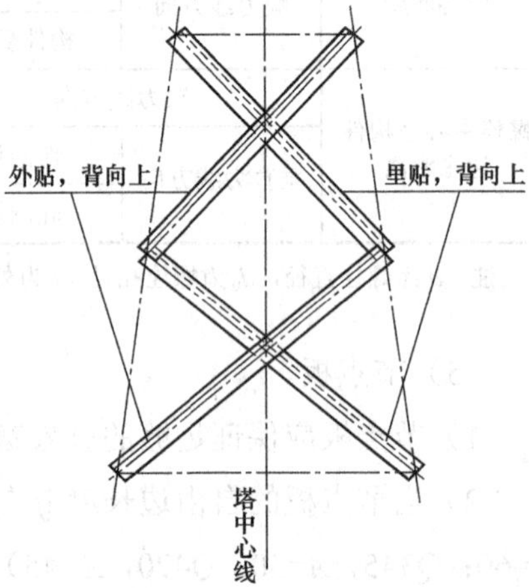

图 3-23 塔身正侧面角钢肢向

（3）隔面上的角钢肢朝向中心，如图 3-24 所示。

（4）横担正面辅助塔材，斜向的角钢肢向上，竖向的角钢肢向中心安装。

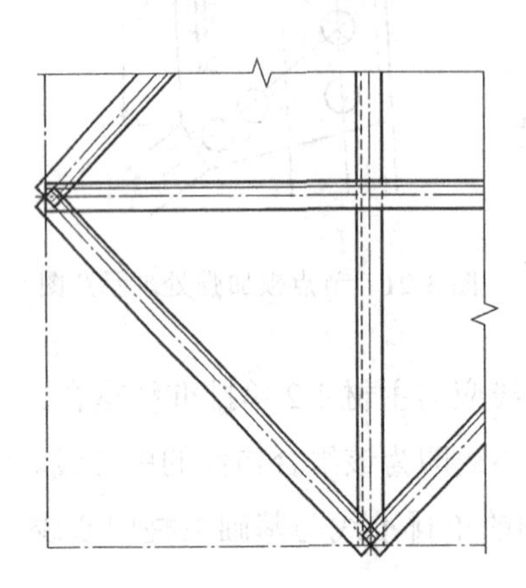

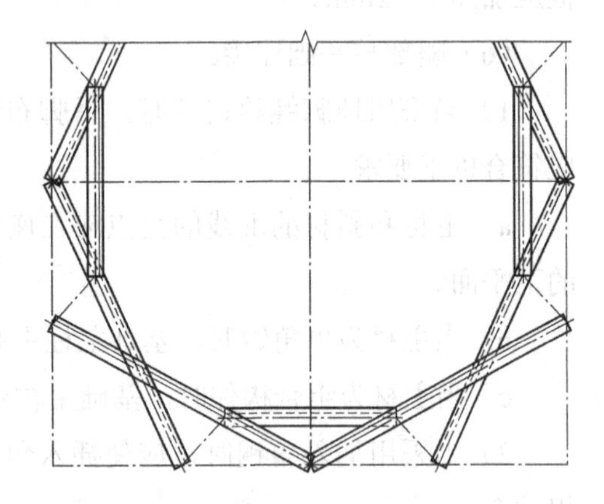

图 3-24 塔身隔面角钢肢方向

（5）横担平面上的辅助材一般角钢肢向中心安装，非对称的顺线路的角钢肢应向左安装，横线路的角钢肢应朝前安装。

（6）塔身上的辅助材一般角钢肢向上安装，其余视切角等因素决定角钢肢的朝向。

5. 钢管结构铁塔

（1）一般规定。钢管结构铁塔与及钢结构铁塔连接部分应遵循铁塔构造中的有关规定。

（2）尺寸标注。

1）应注明构件端部至该构件准线交点的距离，如图 3-25 所示。

2）节点各构件应留有一定的间隙。

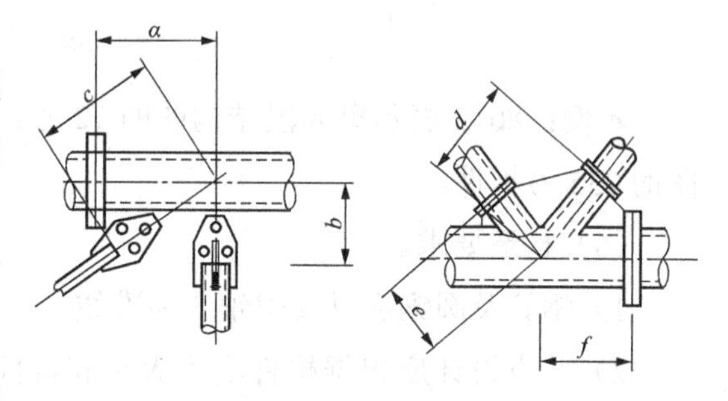

图 3-25　构件尺寸标注

（3）法兰标注。法兰用 F×表示，F 为法兰字符代号，注脚×表示法兰编号。花兰用 H×表示，H 为法兰字符代号，注脚×表示花兰编号。

示例：F5 表示 5 号法兰；H5 表示 5 号花兰。

（4）图纸内容。

1）单线图中应绘出平台、扶梯、走道、电梯井筒等附属设施的布置图。

2）主体结构与附属设施应分别作材料汇总表。

3）材料汇总表统计时，对类别、钢号、规格的排列顺序如下：

a．类别：钢管、角钢、圆钢、槽钢、工字钢、钢板、法兰、花兰、拉线、拉线金具、螺栓、垫圈。

b．钢号：Q420、Q390、Q345、Q235。

c．螺栓级别：4.8、6.8、8.8 级。

d. 规格：钢管、角钢规格按从大到小排列，其他构件按从小到大排列。

（5）分段和构件编号。

1）施工图应按支架、横担、塔颈、塔身、塔腿分段绘制。

2）法兰、花兰应单独出部件图。

3）构件编号应按如下表示方法：

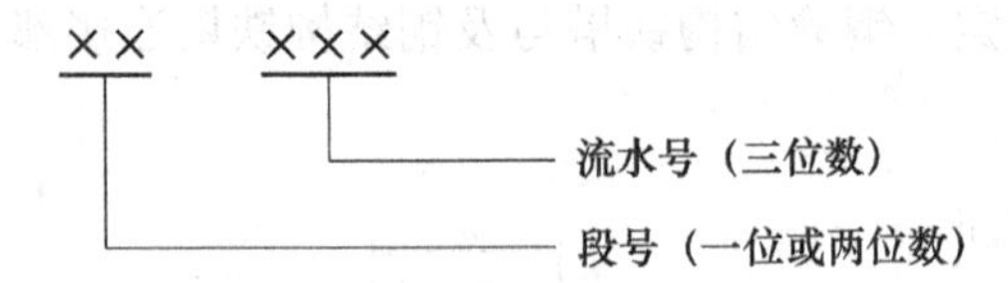

示例：8012 表示第 8 段结构图的 12 号构件；11235 表示第 11 段结构图的 235 号构件。

（6）构造要求。

1）钢管及圆钢应以其中轴线为准线。

2）节点设计应根据构件受力大小和特性，采用合适的连接形式，使节点满足设计强度、刚度及构造要求，并应紧凑。

3）多根杆件在节点处汇交时，应根据不同情况采取设置加劲肋等增强措施。

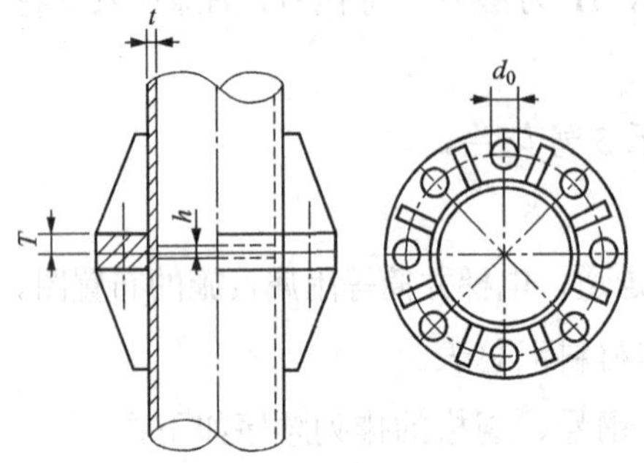

图 3-26　法兰连接示意图

4）钢管对接应采用法兰连接。

5）法兰。

a. 法兰构造如图 3-26 所示，T 为法兰厚度、t 为钢管壁厚、d_0 为螺栓孔径、h 为预留焊缝间隙。

法兰分有加劲法兰和无加劲法兰。有加劲法兰底板厚不小于 16mm；管径小于 120 时，螺栓不宜少于 6 个；法兰螺栓孔径比螺栓直径大 2mm；加劲板的厚度不应小于板长的 1/15，并不应小于 5mm。无加劲法兰底板厚不应小于 20mm。法兰螺栓布置应满足安装要求。

b. 法兰底板与钢管应预留焊缝间隙 h，其值不宜小于钢管壁厚 t。

c. 法兰底板内径与钢管外径预留间隙 1～2mm 便于焊接。

d. 法兰底板外边距不宜小于 1.5d（d 为螺栓直径），仅承受压力的构件不宜小于 1.2d。

e. 位于节点附近的法兰，可用节点板代替法兰上相应的加劲板。法兰上的螺栓应均匀布置，并便于扳手操作。

f. 结构图上应注明加劲板的焊接要求。

6）花兰。

a. 花兰应预留调节长度，调节长度宜为 100mm，如图 3-27 所示。

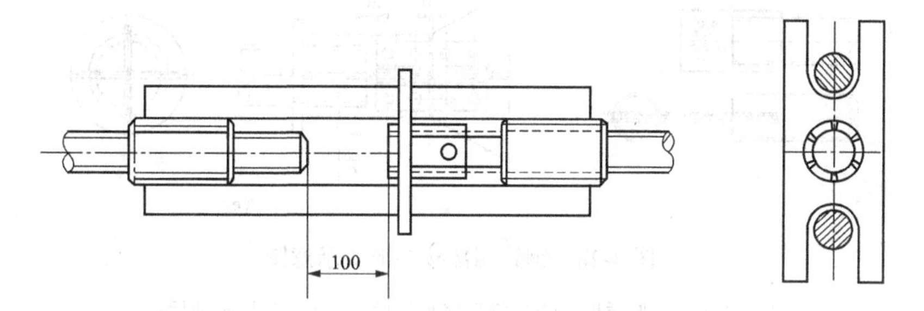

图 3-27 花兰螺栓示意图

b. 螺杆应开放松插销孔，宜互成 90°。

c. 圆钢变直径处过渡长度不得小于直径的 2 倍。

7）钢管端部的接头形式。

a. “一”字形插板：用于辅助材或受力材，螺栓数量应为 2～3 个，板厚不得小于 6mm，如图 3-28（a）所示。

b. “T”字形插板：一般用于受力斜材、腹材，螺栓数量应为 3～6 个，板厚不得小于 8mm，如图 3-28（b）所示。

c. “[”字形和“U”字形插板：一般用于受力斜材、腹材，螺栓数量应为4～9个，如图3-28（c）、（d）所示。

d.“十”字形插板：宜用于较大受力材，接头一端不得少于8个螺栓，接头板厚不得小于12mm，连接板厚不得小于8mm，如图3-28（e）所示。

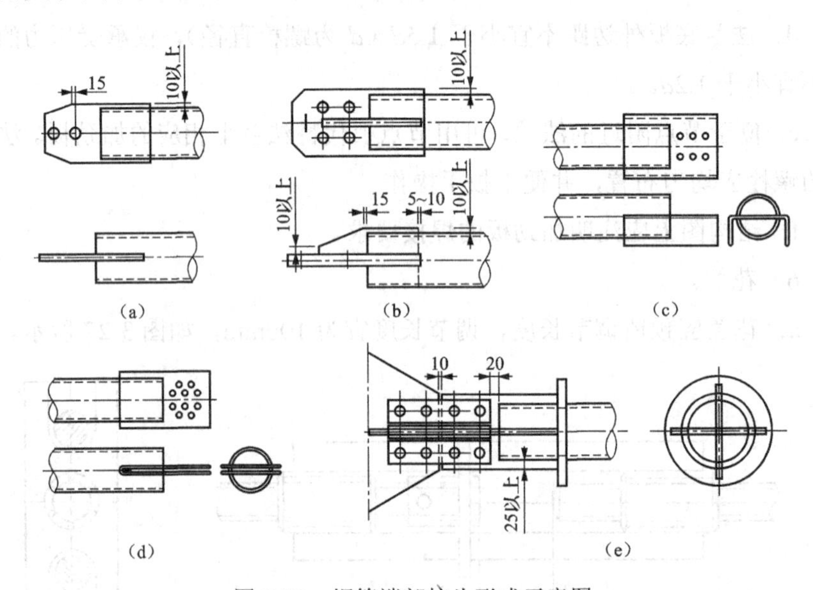

图3-28　钢管端部接头形式示意图

（a）“一”字形插板；（b）“T”字形插板；（c）“[”字形插板；

（d）“U”字形插板；（e）“十”字形插板

8）圆钢端部接头。

a．圆钢直径 $d \leqslant 20$mm时与接头板单面焊接。

b．圆钢直径 $d > 20$mm时，应将接头板剪口插入圆钢后焊接。

c．接头板边距应为2倍螺栓直径。

9）钢管构件有可能进水的顶端应设封头板。

10）构件局部死角处应开排气孔，若为主要受力部位应采取适当补强措施。

11）钢管结构常用节点形式如图3-29所示。

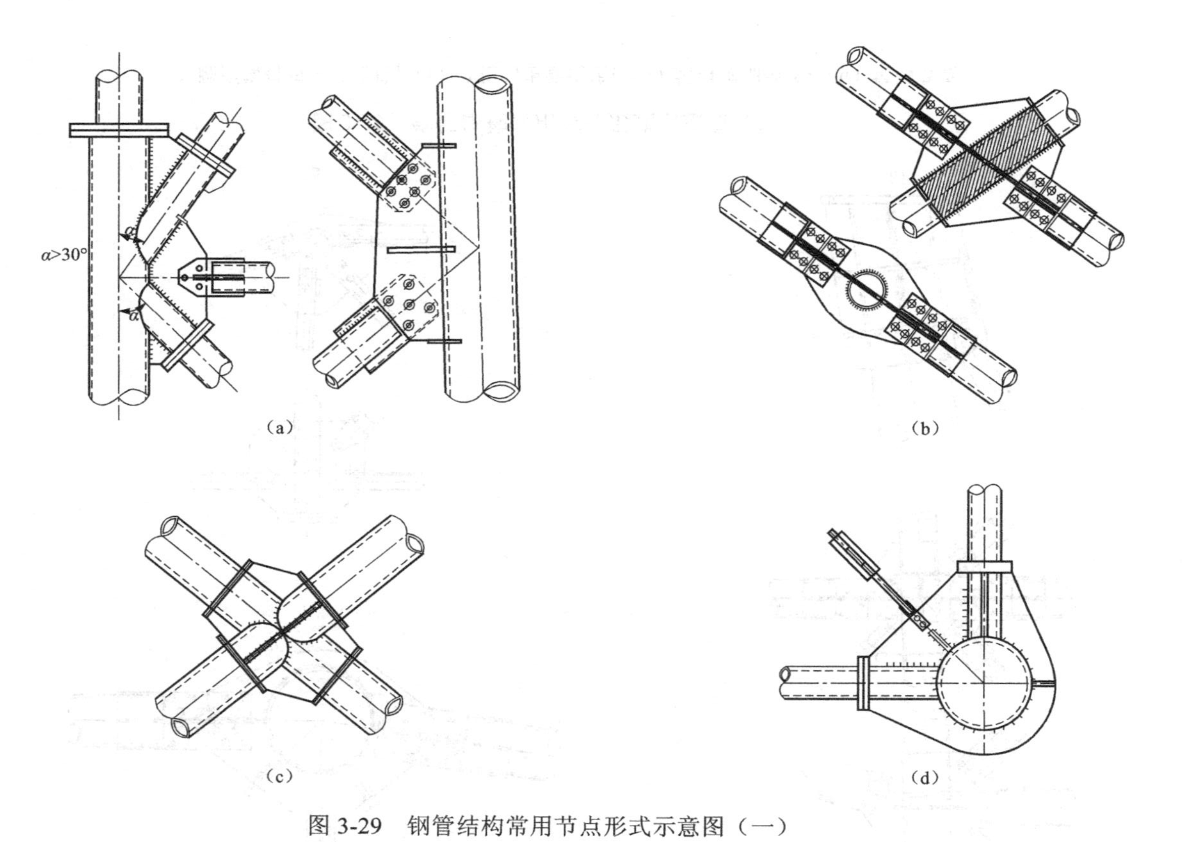

图 3-29　钢管结构常用节点形式示意图（一）

（a）主材与斜材连接；（b）交叉斜材插板连接；（c）交叉斜材相贯连接；（d）隔面横材与主管连接

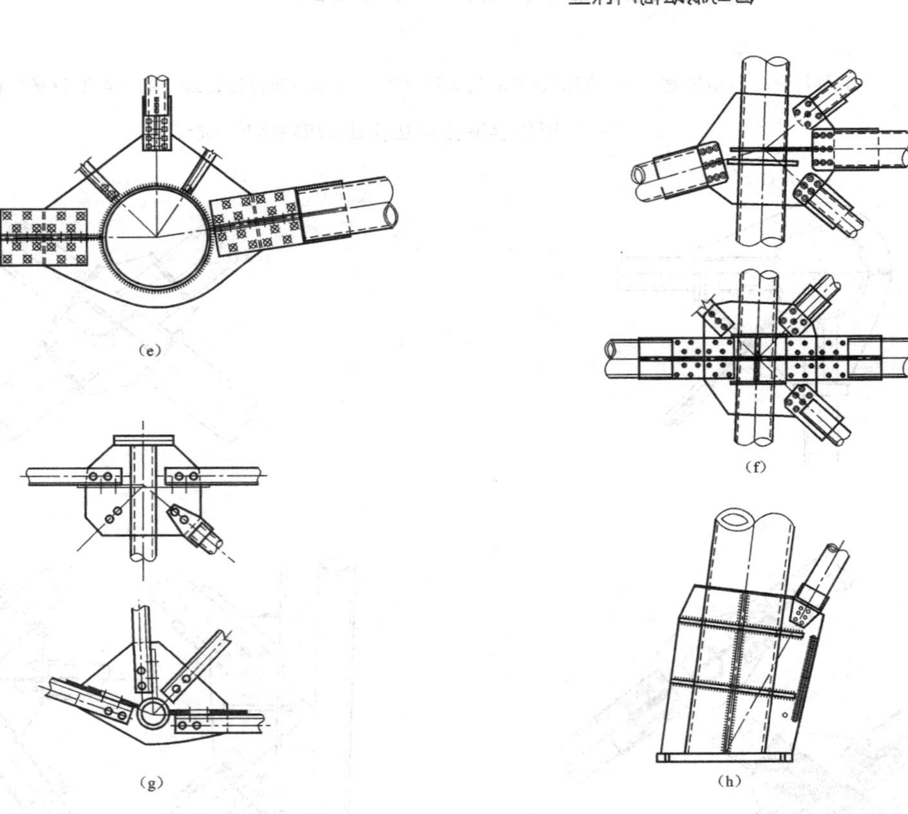

图 3-29　钢管结构常用节点形式示意图（二）

（e）隔面横材与主管连接；（f）横担与主管连接；（g）塔身顶部节点；（h）塔脚节点

任务二 安 全 工 器 具

为保证组塔作业过程中不受到伤害，防护用品应齐全、有效。常用的地面组塔实训项目所需的安全工器具包括安全帽、防护手套、安全带等。

1. 安全工器具的使用要求

（1）安全帽：安全帽是防物体打击和坠落时头部碰撞的头部防护装置。使用前，应检查帽壳、帽衬、帽箍、顶衬、下颏带等附件是否完好无损。使用时，应将下颏带系好，以防止工作中前倾、后仰或其他原因造成滑落。

（2）防护手套：防护手套是防御劳动中物理、化学和生物等外界因素伤害手部的护品。首先，要根据手掌大小选择适当尺码，手套每次使用前检应查外观是否有损坏，在操作工序开始之前应戴好防护手套，除下已污染的手套后应避免污染物外露及接触皮肤。

（3）安全带：安全带是防止高处作业人员发生坠落或发生坠落后将作业人员安全悬挂的个体防护装备。安全带的腰带和保险带、绳应有足够的机械强度，材质应有耐磨性，卡环（钩）应具有保险装置，操作应灵活。保险带、绳使用长度在3m以上的应加缓冲器。

（4）各类安全工器具应经过国家规定的型式试验、出厂试验和使用中的周期性试验。常用安全防护用品如图3-30所示、登高工器具试验标准参见表3-9表中内容。

2. 安全工器具的保管

（1）安全工器具易存放在温度为−15～35℃、相对湿度为85%以下、干燥通风的安全工器具室。

（2）安全工器具室应配置适用的柜、架，不准存放不合格的安全工器具及其他物品。

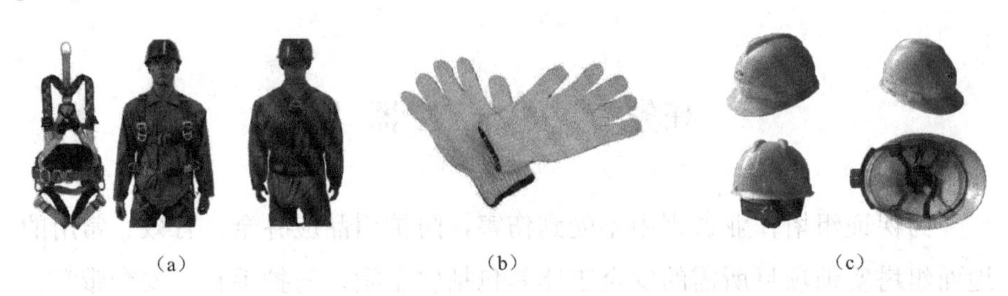

(a) (b) (c)

图 3-30 常用安全工器具示意图

(a) 安全工器具正确穿戴示意；(b) 防护手套；(c) 安全帽

表 3-9 登高工器具试验标准表

<table>
<tr><th>序号</th><th>名称</th><th>项目</th><th>周期</th><th colspan="3">要求</th><th>说明</th></tr>
<tr><td rowspan="5">1</td><td rowspan="5">安全带</td><td rowspan="5">静负荷试验</td><td rowspan="5">1年</td><td>种类</td><td>试验静拉力（N）</td><td>载荷时间（min）</td><td rowspan="5">牛皮带试验周期为半年</td></tr>
<tr><td>围杆带</td><td>2205</td><td>5</td></tr>
<tr><td>围杆绳</td><td>2205</td><td>5</td></tr>
<tr><td>护腰带</td><td>1470</td><td>5</td></tr>
<tr><td>安全绳</td><td>2205</td><td>5</td></tr>
<tr><td rowspan="2">2</td><td rowspan="2">安全帽</td><td>冲击性能试验</td><td>按规定期限</td><td colspan="3">受冲击力小于 4900N</td><td rowspan="2">使用期限：从制造之日起，塑料帽使用不超过 2.5 年，玻璃钢帽使用不超过 3.5 年</td></tr>
<tr><td>耐穿刺试验</td><td>按规定期限</td><td colspan="3">钢锥不接触头模表面</td></tr>
</table>

3. 安全工器具的检查

安全工器具使用前应对外观进行检查，包括有无裂纹、老化、严重伤痕，固定连接部分有无松动、锈蚀、断裂等现象，确认无误后方可使用。

4. 安全工器具试验

（1）各类安全工器具应经过国家规定的型式试验、出厂试验和使用中的周期性试验、并做好记录。

（2）安全工器具经试验合格后，应在醒目的部位粘贴合格证。

任务三 现场安全意识培养

一、实训中的关键点

杆塔组立是线路施工中的重要环节，安全措施、技术措施、组织措施必须完备。

（1）实训前，由培训师负责编写铁塔地面组装的作业指导书，所规定的施工方法、方案能够确保铁塔组立质量，经审核后作为指导性技术文件执行。

（2）实训前，由培训师负责组织向实训人员进行技术交底，并做好交底记录。

（3）作业指导书和质量保证措施所规定的实训方案和质量要求，任何个人均无权擅自更改。

（4）组装实训过程开始前，应经培训师现场对塔料的清点情况进行检查，符合作业指导书要求后方可准继续组装。

（5）组装实训结束后，应对组装好的塔片按图纸及验收规程自检，再由培训师现场对照施工图纸对铁塔进行验收和评价。

二、实训中的现场组织

（1）地面组装技术性较强，应由具有丰富实际经验的专兼职培训师负责总体指挥。

（2）根据铁塔分段组装工作量的大小，合理安排每段组装所需的人数。

（3）根据分段组装分组情况，每组选任组长和安全监护人各一名。

任务四 铁塔地面组装流程

实训项目具体流程如图 3-31 所示。

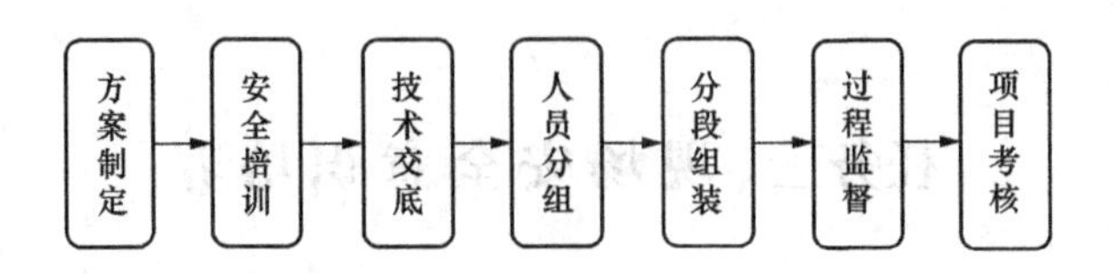

图 3-31　实训项目流程图

1. 实训前的准备

（1）人员准备。

1）所有参与组塔实训的人员需对规程规范、管理制度、铁塔施工图、安全工器具、工器具和作业指导书进行培训，经过安全技术交底后方可进入实训场地。

2）实训过程必须遵循安全技术措施，并做好现场监护工作。已交底的措施，未经审批人同意，不得擅自变更。

3）铁塔组装现场人员统一穿着工作服，施工现场人员在作业时严禁吸烟和酒后作业。

4）进入实训场的人员必须正确佩戴安全帽，并将长发盘进安全帽内。

5）作业人员必须正确穿戴和使用个人防护用品，高空作业人员必须正确使用安全带。

（2）工器具准备。

1）地面组装施工工器具包括尖扳手、扳手、铁锤、方枕木、撬杠等。

2）地面组塔工器具应按照规程规定进行相关试验，并有合格证明。

3）实训人员以分组为单位领取工器具，并根据工器具表清点检查工器具。

4）工器具使用前，应进行外观质量的检查，不合格者严禁使用。

5）高空作业人员使用的所有小工具，必须系有安全绳，固定在塔材或施工人员身上。

（3）现场准备。

1）实训人员将塔材按照施工图纸的分段进行清点，检查塔料规格、数量及质量情况。对查出的弯曲或损伤塔料，按照要求进行修理或更换。

2）将主、辅材按组塔顺序分别堆放。按铁塔塔段号由大到小，塔件号由小到大，离塔位由近及远的顺序摆放。堆放时注意应留出行走通道。

3）对所有经检查合格的塔料（包括各种连板、螺栓、垫圈等）应按顺序分规格摆放于塔位附近适当位置并设立标识。

（4）资料准备。

1）专兼职培训师负责实训技术资料的准备和发放。

2）安全监护人负责“安全技术措施相关资料”的准备和发放。

2. 实训项目及流程

220kV 直线猫头塔组装项目流程如图 3-32 所示。

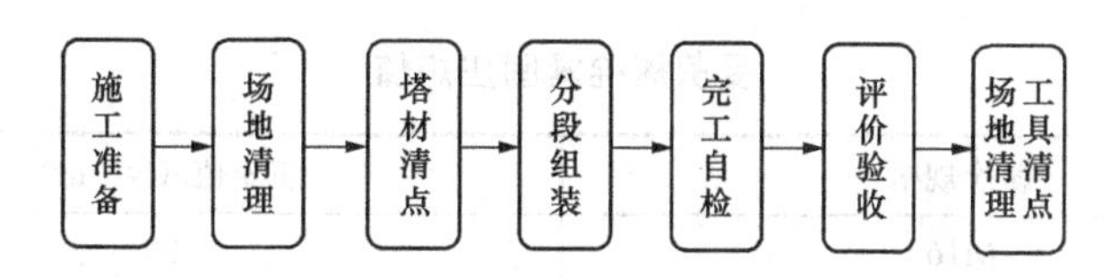

图 3-32 220kV 直线猫头塔组装项目流程图

（1）实训中的技能要点。

1）地面组装前应核对图纸，并根据图纸进行点料，分类有序摆放。

2）根据图纸内容进行分组、分段对铁塔实施组装。

3）组装过程中，保证铁塔各构件结合紧密，交叉物件在交叉处留有空隙者应按图纸要求装设相应厚度的垫片或垫圈。

4）以螺栓连接构件时，应做到：

a. 螺杆与构件面垂直，螺栓头平面与构件间不应有空隙。

b. 螺母拧紧后，螺杆露出螺母的长度为单螺母的，应不少于两个螺距；双螺母的允许和螺母相平。

c. 必须加垫圈的每端不宜超过两个。

5）螺栓的穿入方向应符合下列要求，但个别不易安装时可以予以变更。

a．立体结构上的螺栓，水平方向的应由内向外穿；垂直方向的应由下向上穿。

b．平面结构顺线路方向上的螺栓，应由送电侧穿入或按统一方向穿入。横线路方向的螺栓，两侧由内向外穿，中间由左向右（面向受电侧）或按统一方向穿入。

c．垂直方向上的螺栓，应由下向上穿入。

6）杆塔组装有困难时应查明原因，严禁强行组装。

7）杆塔的连接螺栓应逐个紧固，受剪螺栓紧固扭矩值不应小于表3-10中的规定，其他受力情况螺栓紧固扭矩值应符合工艺要求。螺杆或螺母的螺纹有滑牙或螺母的棱角磨损过大以至扳手打滑的螺栓必须更换。

表3-10　受剪螺栓紧固扭矩值

螺栓规格	扭矩值（N·m）
M16	80
M20	100
M24	250

（2）实训后的收整。

1）每天实训结束前，各作业组应将使用的小件工器具收纳至安全工器具室存放。塔位场地应清理干净，做到工完料尽场地清。

2）实行文明施工，实训结束后实训场应根据培训师要求严格布置，工器具摆放整齐，塔材、螺栓不乱堆乱放。

3）实训结束后，铁塔组装实训场应将安全围栏封闭。

（3）实训项目的技能考核关键环节。

1）铁塔组装现场作业人员应着工作服，作业时严禁吸烟和酒后作业。

2）作业人员必须正确佩戴安全帽。

3）作业人员必须正确穿戴个人防护用品（劳保手套、劳保鞋等)。

4）高处作业人员必须正确使用安全带，并将安全带保护绳固定在正确位置。

5）铁塔组装应严格按照图纸施工，各构件安装顺序和位置应准确。

6）铁塔各构件的组装应牢固，交叉处有空隙时，应按参照图纸装设相应数量和厚度的垫片。

7）安装好的螺栓应与构件平面垂直，螺栓头与构件间不应有间隙。

8）螺母紧固后，螺栓露出螺母的长度：对单螺母，不应小于 2 个螺距；对双螺母，可与螺母向平。

9）安装好的螺栓，其穿向应符合规定。

10）验收前应对组装好的塔片按图纸及验收规程自检。

11）作业完毕后应将使用的小件工器具收纳、存放并将塔位场地清理干净。

（4）实训项目操作步骤见附录 F　220kV 直线猫头塔地面组装作业指导书。

任务五　杆塔组立实训项目的考核点及习题

一、ZM220 直线猫头塔角钢肢方向正确的安装方法

（1）横担上下平面的斜材角钢肢应向中心安装。

（2）塔身正侧面交叉斜材，外贴及里贴斜材角钢肢均应肢向上安装。

（3）隔面上的角钢肢应向朝向中心安装。

（4）横担正面辅助材，斜向的角钢肢向上安装，竖向的肢向中心安装。

（5）横担平面上的辅助材一般角钢肢向中心安装，非对称的顺线路的角钢肢向左安装，横线路的肢向前安装。

（6）塔身上的辅助材一般角钢肢向上安装，其余视切角等因素决定角

钢肢的朝向。

二、ZM220直线猫头塔对螺栓穿入方向的规定

（1）立体结构上的螺栓，水平方向的应由内向外穿；垂直方向的应由下向上穿。

（2）平面结构顺线路方向上的螺栓，应由送电侧穿入或按统一方向穿入。横线路方向的螺栓，两侧由内向外穿，中间由左向右（面向受电侧）或按统一方向穿入。

（3）垂直方向上的螺栓，应由下向上穿入。

三、试述钢管塔较角钢塔的优缺点

较角钢塔的优点：构件风压小、延性好、结构简洁、传力清晰，以及在大荷载杆塔中应用技术和经济优势明显等特点。

较角钢塔的缺点：钢管塔材料不易采购，单件质量较大；实现大规模流水线生产和机制有一定难度。

项目四

架线施工基础知识及标准化实训项目

【项目描述】

架线施工组装作为杆塔组立施工的一个基础环节，其施工技术及方案将对电力建设工程有着根源性影响。本实训项目为送电工程专业的核心知识点之一，通过学习相关知识和操作技能，进而掌握送电工程专业线施工基础知识。

【教学目标】

通过理论知识学习和操作技能实训，了解架线施工基础知识过程，掌握架线流程、工艺标准化要求及质量验收规范。

【实训安全风险点】

（1）实训场地面组装场地应平整，障碍物应清除。

（2）上塔作业前擦净脚上泥土，检查脚钉爬梯安装是否牢固，确无问题方可攀登，严防高处坠落。

（3）塔上作业人员使用“五点式”安全带，并使用后备保护。

（4）携带绳索等物件攀登杆塔过程中，必须随时检查有无被其他物件刮坏或卡住。

（5）杆塔上作业工器具材料必须使用传递绳传递，严禁抛掷，以防伤人。

（6）作业现场需要设置安全围栏，有明显的安全标示，进出实训场地都必须按照要求佩戴安全帽。

（7）实训过程中，在模拟线路上走线时，其他同学严禁摇动导线，嬉戏打闹，需要保持一定距离，不得影响其正常实训过程。

（8）实训现场内，必须严格遵守实训纪律，不得擅自离开实训场地，若有特殊情况需要离开，需与现场培训师进行汇报；要按照现场分工的要求，做好相关的工器具准备、监护、现场收整等工作。

（9）应尽量避免上下两层交叉作业。如必须同时进行两层作业时，上下作业层人员必须正确佩戴安全帽。

（10）每天课程开始前，需要认真听取工作负责人在班前会所交代的当天培训项目中存在的实训关键点和危险点，认真配合现场安全交底工作；每天课程结束后，需要认真听取工作负责人在班后会对当天实训工作中出现的问题和其他情况的总结、下一步的工作计划等，并做好实训现场的收整工作。

任务一　架线施工基础知识及新技术的应用

一、导线及地线简介

导线是架空输电线路的主要组成部分，其作用是传导电能。导线的种类、性能和截面的大小，不仅对杆塔、避雷线、绝缘子、金具有影响，而且直接关系到线路的输电能力、运行的可靠性和建设费用的高低。

导线必须具有良好的导电性。此外，由于架空输电线路导线架设在空中，要承受自重、风压、冰雪、荷载等机械力的作用和空气中有害气体的侵蚀，因此要求导线有较高的机械强度和较好的抗腐蚀性能。

导线由铝、钢、铜等材料制成，在特殊情况下可以使用铝合金。铜是理想的导线材料，但是由于铜资源较少，价格高，使用不多。为了提高导线机械强度，架空线路导线普遍采用绞合的多股导线，常用的有铝绞线、钢芯铝绞线，少数情况下也采用铝合金线、铝包钢绞线及硬铜线。钢芯铝绞线中铝线部分和钢线部分截面积的比值不同，机械强度也不同，可分为普通钢芯铝绞线（铝钢截面积比值为5.2～6.1）、加强型钢芯铝绞线（比值为4～4.5）和轻型钢芯铝绞线（比值为7.6～8.3）。

导线型号由导线的材料和结构、截流面积组成。前材料和结构由字母表示，T表示铜、L表示铝、J表示多股绞线或加强型、Q表示轻型、H表示合金、G表示钢、F表示防腐；截流面积用数字表示，即表示载流部分的标称截面积（mm^2）。

地线是架空输电线路的主要组成部分，其作用是保护线路导线，降低雷击几率，提高线路耐雷水平，减少线路雷击故障次数，从而提高线路运行可靠性，保障电力供应。根据线路重要性及线路通过地区的地闪雷电密度，每条线路按照规程可在杆塔上架设一条或两条避雷线。

导线的种类及用途见表4-1。常用钢芯铝绞线规格见表4-2。地线与导线配合表见表4-3。镀锌钢绞线规格见表4-4。

表4-1　　导线的种类及用途

导线种类	类型	型号	导线结构概况	用途及选用原则
硬铝线	铝绞线	LJ	用圆铝线多股绞制	对于35kV架空线路一般不小于35mm^2；35kV不小于25mm^2
钢芯铝绞线	钢芯铝绞线、轻型钢芯铝绞线、加强型钢芯铝绞线	LGJ LGJQ LGJJ	内层（芯线）为单股或多股镀锌钢绞线，主要承担张力；外恒为硬铝绞线，为导线部分	LGJ、LGJQ用于一般地区，LGJJ用于重病去或大跨越地段
防腐型钢芯铝绞线	轻防腐钢芯铝绞线、中防腐钢芯铝绞线、重防腐钢芯铝绞线	LGJF	结构形式及机械、电气性能与普通钢芯铝绞线相同。轻防腐钢芯铝绞线仅在钢芯上涂防腐剂，中防腐钢芯铝绞线在钢芯内层铝线上涂防腐剂；重防腐钢芯铝绞线在钢芯	用于沿海及有腐蚀性气体的地区

续表

导线种类	类型	型号	导线结构概况	用途及选用原则
防腐型钢芯铝绞线	轻防腐钢芯铝绞线、中防腐钢芯铝绞线、重防腐钢芯铝绞线	LGJF	及内外侧铝线均涂防腐剂	用于沿海及有腐蚀性气体的地区
铝合金线	铝合金单线、铝合金绞线、钢芯铝合金绞线	LH LHJ LHGJ	以铝、镁、硅合金拉制的圆单线或多股绞线。抗拉强度接近铜线，导电率及质量接近铝线	抗拉强度高，可减少弧垂，降低线路造价。单股线在线路不允许使用
铝包钢绞线	铝包钢绞线	GLJ	以单股钢线为芯，外面包以铝层，做成单股或多股绞线	线路的大跨越及地线通信时使用
硬铜线	硬圆铜单线、硬铜绞线	TY TJ	用硬铜拉制成的单股或多股绞线	一般不使用，必须使用时，导线截面需满足以下规定：35kV 以上线路不允许使用单股线，绞线也不小于 $25mm^2$；10kV 以下单股线不小于 $16mm^2$，绞线不小于 $16mm^2$

表 4-2　　　　常用钢芯铝绞线规格

导地线型号	铝股数/每股直径根（mm）	钢股数/每股直径根（mm）	铝截面积（mm^2）	钢截面积（mm^2）	总截面积（mm^2）
LGJ－35/6	6/2.72	1/2.72	34.86	5.81	40.67
LGJ－50/8	6/3.20	1/3.20	48.25	8.04	56.29
LGJ－50/30	12/2.32	7/2.32	50.73	29.59	80.32
LGJ－70/10	6/3.80	1/3.80	68.05	11.34	79.39
LGJ－70/40	12/2.72	7/2.72	69.73	40.67	110.40
LGJ－95/15	26/2.15	7/1.67	94.39	15.33	109.72
LGJ－95/20	7/4.16	7/1.85	95.14	18.82	113.96
LGJ－95/20&	28/2.07	7/1.8	94.23	17.81	112.04
LGJ－95/55	12/3.20	7/3.20	96.51	56.30	152.81

续表

导地线型号	铝股数/每股直径根（mm）	钢股数/每股直径根（mm）	铝截面积（mm^2）	钢截面积（mm^2）	总截面积（mm^2）
LGJ－95/55&	12/3.20	7/3.20	96.51	56.30	152.81
LGJ－120/7	18/2.90	1/2.90	118.89	6.61	125.50
LGJ－120/20	26/2.38	7/1.85	115.67	18.82	134.49
LGJ－120/70	12/3.60	7/3.60	122.15	71.25	193.40
LGJ－150/8	18/3.20	1/3.20	144.76	8.04	152.80
LGJ－150/20	24/2.78	7/1.85	145.68	18.82	164.50
LGJ－150/25	26/2.70	7/2.10	148.86	24.25	173.11
LGJ－150/35	30/2.50	7/2.50	147.26	34.36	181.62
LGJ－185/10	18/3.60	1/3.60	183.22	10.18	193.40
LGJ－185/25	24/3.15	7/2.10	187.04	24.25	211.29
LGJ－185/30	26/2.98	7/2.32	181.34	29.59	210.93
LGJ－185/45	30/2.80	7/2.80	184.73	43.10	227.83
LGJ－210/10	18/3.80	1/3.80	204.14	11.34	215.48
LGJ－210/25	24/3.33	7/2.22	209.02	27.10	236.12
LGJ－210/35	26/3.22	7/2.5	211.73	34.36	246.09
LGJ－210/50	30/2.98	7/2.98	209.24	48.82	258.06
LGJ－240/30	24/3.60	7/2.40	244.29	31.67	275.96
LGJ－240/40	26/3.42	7/2.66	238.85	38.90	277.75
LGJ－240/55	30/3.20	7/3.20	241.27	56.30	297.57
LGJ－300/15	42/3.00	7/1.67	296.88	15.33	312.21
LGJ－300/20	45/2.93	7/1.95	303.42	20.91	324.33
LGJ－300/25	48/2.85	7/2.22	306.21	27.10	333.31
LGJ－300/40	24/3.99	7/2.66	300.09	38.90	338.99
LGJ－300/50	26/3.83	7/2.98	299.54	48.82	348.36
LGJ－300/70	30/3.60	7/3.60	305.36	71.25	376.61
LGJ－400/20	42/3.51	7/1.95	406.40	20.91	427.31

续表

导地线型号	铝股数/每股直径根（mm）	钢股数/每股直径根（mm）	铝截面积（mm^2）	钢截面积（mm^2）	总截面积（mm^2）
LGJ－400/25	45/3.33	7/2.22	391.91	27.10	419.01
LGJ－400/35	48/3.22	7/2.50	390.88	34.36	425.24
LGJ－400/50	54/3.07	7/3.07	399.73	51.82	451.55
LGJ－400/65	26/4.42	7/3.44	398.94	65.06	464.00
LGJ－400/95	30/4.16	19/2.50	407.75	93.27	501.02
LGJ－500/35	45/3.75	7/2.50	497.01	34.36	531.37
LGJ－500/45	48/3.6	7/2.80	488.58	43.10	531.68
LGJ－500/65	54/3.44	7/3.44	501.88	65.06	566.94

导地线型号	外径 d（mm）	线膨胀系数 A（1/℃）	弹性系数 E（N）	破断力 T_p（N）	单位长度重量 W（kg/km）
LGJ－35/6	8.16	0.0000191	79000	12630	141.0
LGJ－50/8	9.60	0.0000191	79000	16870	195.1
LGJ－50/30	11.60	0.0000153	105000	42620	372.0
LGJ－70/10	11.40	0.0000191	79000	23390	355.2
LGJ－70/40	13.60	0.0000153	105000	58300	511.3
LGJ－95/15	13.61	0.0000189	76000	35000	380.8
LGJ－95/20	13.87	0.0000185	76000	37200	408.9
LGJ－95/20&	13.68	0.0000191	80000	31863	401.0
LGJ－95/55	16.00	0.0000153	105000	78110	707.7
LGJ－95/55&	16.00	0.0000153	105000	74204	707.7
LGJ－120/7	14.50	0.0000212	66000	27570	379.0
LGJ－120/20	15.07	0.0000189	76000	41000	466.8
LGJ－120/70	18.00	0.0000153	105000	98370	895.6
LGJ－150/8	16.00	0.0000212	66000	32860	461.4
LGJ－150/20	16.67	0.0000196	73000	46630	549.4
LGJ－150/25	17.10	0.0000189	76000	54110	601.0

续表

导地线型号	外径 d（mm）	线膨胀系数 A（1/℃）	弹性系数 E（N）	破断力 T_p（N）	单位长度重量 W（kg/km）
LGJ—150/35	17.50	0.0000178	80000	65020	676.2
LGJ—185/10	18.00	0.0000212	66000	40880	584.0
LGJ—185/25	18.90	0.0000196	73000	59420	706.1
LGJ—185/30	18.88	0.0000189	76000	64320	732.6
LGJ—185/45	19.60	0.0000178	80000	80190	848.2
LGJ—210/10	19.00	0.0000212	66000	45140	650.7
LGJ—210/25	19.98	0.0000196	73000	65990	789.1
LGJ—210/35	20.38	0.0000189	76000	74250	853.9
LGJ—210/50	20.86	0.0000178	80000	90830	960.8
LGJ—240/30	21.60	0.0000196	73000	75620	922.2
LGJ—240/40	21.66	0.0000189	76000	83370	964.3
LGJ—240/55	22.40	0.0000178	80000	102100	1108.0
LGJ—300/15	23.01	0.0000214	61000	68060	939.8
LGJ—300/20	23.43	0.0000209	63000	75680	1002.0
LGJ—300/25	23.76	0.0000205	65000	83410	1058.0
LGJ—300/40	23.94	0.0000196	73000	92220	1133.0
LGJ—300/50	24.26	0.0000189	76000	103400	1210.0
LGJ—300/70	25.20	0.0000178	80000	128000	1402.0
LGJ—400/20	26.91	0.0000214	61000	88850	1286.0
LGJ—400/25	26.64	0.0000209	63000	95940	1295.0
LGJ—400/35	26.82	0.0000205	65000	103900	1349.0
LGJ—400/50	27.63	0.0000193	69000	123400	1511.0
LGJ—400/65	28.00	0.0000189	76000	135200	1611.0
LGJ—400/95	29.14	0.0000180	78000	171300	1860.0
LGJ—500/35	30.00	0.0000209	63000	119500	1642.0
LGJ—500/45	30.00	0.0000205	65000	128100	1688.0
LGJ—500/65	30.96	0.0000193	69000	154000	1897.0

表 4-3　　地线与导线配合表

导线型号	地线型号
LGJ－35 LGJ－50 LGJ－70	GJ－50
LGJ－95 LGJ－120 LGJ－150 LGJ－185 LGJQ－150 LGJQ－185	GJ－35
LGJ－240 LGJ－300 LGJQ－240 LGJQ－300 LGJQ－400	GJ－50
LGJ－400 及以上 LGJQ－500 及以上	GJ－70

表 4-4　　镀锌钢绞线规格表

导地线型号	股数/每股直径根（mm）	钢截面积（mm^2）	总截面积（mm^2）	外径 d（mm）	线膨胀系数 A（1/℃）	弹性系数 E（N）	破断力 T_p（N）	单位长度重量 W（kg/km）
GJ－25	7/2.20	26.60	26.60	6.6	0.0000115	181000	29978	227.7
GJ－35	7/2.60	37.15	37.15	7.8	0.0000115	181000	41868	318.2
GJ－50	7/3.00	49.46	49.46	9.0	0.0000115	181000	55741	423.7
GJ－55	7/3.20	56.30	56.30	9.6	0.0000115	181000	65780	447.0
GJ－70	19/2.20	72.19	72.19	11.0	0.0000115	181000	78528	615.0
GJ－80	7/3.80	79.39	79.39	11.4	0.0000115	181000	88116.68	630.1
GJ－100	19/2.60	100.83	100.83	13.0	0.0000115	181000	109897	859.4
GJ－135	19/3.0	134.24	134.24	15.0	0.0000115	181000	146454	1144.0

二、非张力架线简介

非张力（或无张力）放线，是国内外输电线路架线施工中最早采用的一种放线方法。放线的基本特点是先用人力展放导引绳或牵引绳，而后用人力或机械（拖拉机、汽车、小牵引机等）展放导线、地线，导线、地线盘处并不对其导地线施加任何制动张力。也就是说，导线展放过程中基本不受力，故称之为非张力放线。通常，在110kV及以下的电力线，且导线截面为240mm^{2}及以下，钢绞线截面为70mm^{2}及以下的电力线路采用人力放线方式。电压等级在220kV及以下的电力线，且导线截面为400mm^{2}及以下，钢绞线截面为70mm^{2}及以下，多采用机动牵引放线。

非张力放线施工方式大多采用人力地面拖线法或机械放线。

1. 利用人力或畜力拖放线

人力展放线。人力展放导、地线不需要展放机械设备，展放时可采用多人肩杠导、地线向前敷设。展放完一个放线段，即可用预先挂在杆塔上的滑车及穿入滑车的引线将敷设在地面的导线、地线提升到杆塔的放线滑车上，即完成导线、地线的展放操作。

这种展放导线、地线的缺点是需耗用大量劳动力，并且拖放线所经过线路走向势必然有可能损坏大面积农作物、经济林等。人力拖地展放线，平地人均可负重约30kg，山地人均可负重20kg。

畜力展放线，即利用畜力向前敷设，具体工艺与人力展放线相同。

地面条件许可时，可使用行走机械等牵引，能节约大量劳动力，但牵引速度不可过快，基本与步行速度相同。这种放线方法是在导线展放前，先用人力展放一根牵引钢丝绳，一端与导线连接，另一端以机械为动力拖动牵引钢丝绳，带动导线在地面上拖引，使导线依次通过各杆塔的放线滑车进行展放。在拖引时有较小的张力。放线特点是：在线轴上不对架空线施加张力，架空线自然拖地。随着架空线对地、对放线滑车的摩擦阻力的不断增加，逐渐离开地面。

2. 机械放线

机械放线分行走机械和固定机械拖地展放线两类。

（1）行走机械（如汽车、拖拉机）、畜力的展放方法：在展放导地线前，先用人力牵引一根钢丝绳，一端与导地线连接，另一端以机械为动力拖动牵引钢丝绳，带动导地线在地面拖引，并有领线组织指挥行走机械、畜力沿线路方向前进，到第一基杆塔时再向前将线头展放几十米（一般为杆塔高的2倍）后，停止牵引，并将线头牵回杆塔下方用引绳将其吊上第一基杆塔上的放线滑车。线头穿过杆塔上的放线滑车放至地面，再继续向前牵引展放，到第二基杆塔时再按前述方法将展放线头穿过放线滑车放至地面，如此放一档线挂一基杆塔，直至展放完一个耐张段线路。

机械牵引的牵引一般采用6×37结构的$\phi 11$～$\phi 13$钢丝绳，钢绳长度一般为800～1000m，牵引绳之间用$\phi 4.0$小钢丝绳的活头套上绕成绳箍连接，绳箍至少绕四圈。牵引绳与导地线采用蛇皮套连接。蛇皮套的尾部应用12号铁丝绑扎12～15道。

（2）固定机械（如机动绞磨或手扶拖拉机）拖地展放线与上述人力展放和行走机械不同。通常不直接展放导、地线，而是通过展放牵引绳后，再用牵引绳牵引展放导、地线。固定机械牵放所用牵引绳，应为无捻或少捻钢绳，使用普通钢绳时，牵引绳与架空线之间应加防捻器装置防扭。

牵引放线的速度一般控制在20m/min以下。牵引放线的长度，在平地或地势平缓地带，一般允许拖放一轴线（即 2000～2500m）。如牵引段两端地势有高差，应根据绞磨受力大小加以控制，一般绞磨进口处的牵引绳张力不宜大于2t。对交通不便之处，应将导线从线轴中盘成小线盘，不宜采用连续牵引放线。

3. 非张力放线安全要求

（1）交叉跨跨处及每隔三基杆的下方应设信号人员监视放线；以便监视可能出现线索跳槽，接续管卡在放线滑车及放线滑车转动不灵活，导、地线磨伤等现象；发现导线跳槽，应即时发出信号停止放线，以避免拉断导线或倒杆。

（2）放线架（轴）应安置牢固，制动灵活，防止导线从线盘上松脱形成硬弯、背花等缺陷，当导线盘上的导线接近展放完毕时，应减慢牵引速度，防止导线尾部甩出鞭击伤人。放线盘应设专人操作，并注意控制放线速度，防止导线、地线跳偏、松脱等。

（3）在制造过程中，若导线、地线有断股、磨伤等外界质量缺陷，一般都在缺陷处做有标记，因此在放线过程中，应认真检查外观，发现标记处应查明缺陷，待放线结束后将导线按施工质量标准进行处理。

（4）人力牵引导线时，拉线人之间要保持适当距离，以不使导线拖地为宜。领线人应对准前方不得走偏。放线时每相导线不得交叉，随时注意信号控制拉线速度。如遇险坡应先放导引绳或设采取置扶绳等措施。

（5）采用牵引导线时，牵引钢绳与导线连接的接头通过放线滑车时，应专人监视，牵引速度不宜超过 20m/min。

（6）用拖拉机牵引放驾驶员应随时注意信号，防止拉断导线或倒杆塔，确保放线施工的安全进行。

（7）为保证展放导线、地线的质量，展放线经过岩石或坚硬地质地段时，应在导线、地线下垫木、草袋等防磨损。

（8）为避免展放导线、地线绕过滑车弯曲松股现象发生，展放线穿过放线滑车时，不得垂直下拉。

（9）展放线不能当天紧线应将其临时收紧锚固，并保证不妨碍跨越物的正常运行。

（10）放线前，经用户同意登杆断开被跨越的低压配电线以及次要的通信线时，登杆前应检查杆根牢固情况，以防登杆后倒杆引起人身伤亡事故，断开的导线应暂时绑在杆拄上，避免任意摆动。

（11）在架线过程中，无论是采用无张力还是张力放线，如附近有高压架空电力线路平行时，在架线施工的导线、牵引绳、拉线以及施工机具就会感应有电压和电流。因此，为保证人身安全，在施工架线时需考虑防静电感应措施。具体措施如下：

1）采用非张力放线时，虽然导线或牵引钢绳的展放与地面接触，但并没有良好的接地效果，仍会有触电的感觉。因此，应将牵引机具、放线滑鞭击、导线盘的线尾、钢架等良好接地。

2）切断导线时应戴绝缘手套进行剪切。

3）导线需通过接地的滑轮良好接地。

4）当采用不停电跨越架线时，操作机具设备人员应站在绝缘垫上，以防展放的导线接触被跨越的带电导线时发生人身触电事故。

5）采用不停电跨越架线时，展放的导线、避雷线与带电线路的安全距离，不得小于要求值。

三、张力架线简介

在输电线路架线施工中，利用牵引设备展放架空导线，使架空导线带有一定张力，始终保持离地面和跨越物一定高度，并以配套的方法进行紧线、挂线和附件安装的全过程，称为张力架线。即利用张力机、牵引机等设备，在规定的张力范围内悬空展放导、地线的施工方法。由于张力架线能提高施工质量，能解决放线施工中难以解决的某些技术问题，适用面广，因此被视为330～500kV输电线路施工优先选用的架线施工方法。

1. 张力架线的优点

（1）张力架线的特点是在展放过程中，导线始终处于悬空状态。因此，避免了与地面及跨越物的接触摩擦损伤，从而减轻了线路运行中的电晕损耗和无线电可听噪声干扰。同时由于展放中保持一定张力，相当于对导线施加了预拉应力，使它产生初伸长，从而减少了导线安装完毕后的蠕变现象，保证了紧线后导线弧度的精确性和稳定性。

（2）使用牵张机构设备展放线，有利于减轻劳动强度，施工作业高度机械化，速度快、工效高，人工费用低。

（3）放线作业，只需先用人力铺放数量少、质量轻的导引绳，然后便可逐步架空牵放牵引绳、导线等。由于展放导线的全部过程中导线处在悬空状态，因此大大减少了对沿途青苗及经济林区农作物的损坏，具有明显的社会效益和经济效益。

（4）用于跨江河、山区、泥沼地、水网地带、森林等复杂地形施工，能有效地发挥其良好的经济效益。例如，跨越带电线路，可以不停电或者少停电；跨越江河架线施工，不封航或仅半封航；跨越其他障碍施工时，可少搭跨越架。

（5）可采用同相子导线同展同紧的施工操作，因此施工效率成倍增加。这里除了需要大型机械设备外，不需要增加牵引作业次数。

（6）在多回路输电线路架线施工中，能保证各层导线、地线处于不同空间位置，放线、紧线分别连续完成，而非张力放线是无法实现的。

2. 张力架线的缺点

（1）跨越时受外界条件约束（如停电时间、封航时间），失去施工的主动性。

（2）施工机械的合理配套以及机械设备的适应性及轻型化有待实现。例如一套一牵四放线的张力放线设备，配备相应的其他机械和工器具，总质量为 70～100t。如果主牵引机、主张力机、小牵引机、小张力机采用拖运方式运输，若用载重 10t 的汽车搬运需 7～10 辆汽车，若用火车运输也需 2～3 节平板车和一节棚车，还需要通用机械、汽车吊及拖拉机等的配合。张力架线施工组织复杂，人员配备多（需 200 人左右），这样庞大的组织机构用于山区、水网地带等施工，有待于优化组合和科学管理，而庞大的施工机械也难以适用于山区、水网地带等特殊恶劣地质条件的施工，因而有待于小型化、轻便化。

（3）张力架线施工采用标准流水方式作业，严格的施工组织和施工管理，还有待于深入研究。

四、飞机放线简介

国内应用直升机放线的历史并不长，但已探索出了一套比较成熟的施工经验。例如在葛上线（葛洲坝—上海）施工中，长江当阳跨越段（1605m）利用波音一234 直升机放线，将 8 根 14mm 牵引钢丝绳直接展放线；长江宜昌段跨越 1229m，采用 S-6 型直升机施放 8 根 7.9mm 钢索导引绳；在宜昌段 15km 无人区大跨度连续档中，施放导引绳 3 根共 26km，其中两根长度各达 10.3km，通过 21 个滑车，均取得成功。葛常株线大山区段，沙江线河网段等施放线与吊运组装大铁塔，应用了飞机施工都取得成功，这些事实充分说明我国架空输电线路施工已跨入世界先进水平。

直升机放线特点：

（1）直升机放线适宜于投资回收要求快、期限紧、收效大的工程。它能缩短工期，达到早日送电的目的。

（2）悬空展放导引绳过江，有助于不停航，跨越架设，避免了因停航所造成的巨大经济损失。

（3）减少了施工中砍伐森林及经济林区的赔偿损失和无法修筑运输设备道路的困难。

（4）施工需租用直升机，施工成本较高，而且施工技术要求也高。

五、跨江河放线简介

跨江河线路工程的特点具有杆塔高、档距大、导线结构特殊，通航河流船只来往频繁。这时跨江河线路施工，就要涉及停航、封航问题；同时，由于高空风速大，架线施工往往同空中、陆地、水上等联合作业。因此，跨江河架线施工的技术复杂、难度大，且施工费用昂贵，危险性较大。必须考虑有效率而又经济的施工方法。

下面根据我国有关电力建设单位，采用渡船放线法及气球放线法。

1. 渡船放线法

根据施工设备情况，渡船放线可采用低张力船上转轴展放导线法和动力直接牵引（牵引绳）法。前者适用于单导线，且无牵张设备的情况；后者适用于机械化条件较好，即有牵张设备，又有大马力动力船的情况。其共同点是通过船引渡牵引绳或导线，跨江河中间段部分均用托线船作托载线索的中间支承，引渡完后再牵引。

2. 气球放线法

采用氢气球放法导引绳可以实现大跨越不封航的目的。例如，北京送变电公司在广东沙角-江门 500kV 线路跨越西江的放线施工中，采用 3 只 6m 的氢气球吊挂导引钢绳施工，在不封航的情况下，顺利地完成了跨江放线。另外，该公司还在北京郊区跨越果园的一条 500kV 线路施工中，顺利地使用了氢气球放线直径为 14mm 的锦纶丝导引绳。

氢气球放法导引绳的基本方法是利用气球的浮力提升导引绳至超过船舶船桅高度，并将绳首段由船运往彼岸，完成对接，即实现跨越江河不封航放线施工。

气球放线的最大优点是安全可靠，操作简便、经济，能保质保量，是一项值得推广的应用技术。

六、火箭放线简介

火箭放线是在军用火箭（或气象火箭）弹尾部连接足够长的尼龙绳一同发射，而达到跨越跨越档，悬崖及陡山脉或江河、湖泊、海湾等天然屏障的大跨越档间的展放线的一种放线方法。

例，福建某送变电公司自 1979 年以来，在福州蒲田 110kV 线路（350～351 号和 355～356 号）中，放线用火箭携带 10mm 尾龙绳，射程达 680m；在福州红山-福安-甘棠 220kV 线路（P240-P241）跨越人力难以逾越的跨悬崖深谷放线，利用火箭放线也取得成功。

实验和实际应用经验，采用火箭放线具有以下优点：

（1）火箭放线射程大。一般可达 2000～3000km，甚至 5000～6000km。

（2）使用设备简单，操作方便。

（3）火箭弹头能回收再利用，可减少制造费用。

（4）无须清除输电线路走廊施工障碍、树木、果树等。

（5）跨江河放线可基本上不封航或少时间封航，尤其在大跨越、大山区、湖泊等特殊地形放线更显示出其优越性。

（6）避免了导线的磨损，提高了施工效率，社会经济效益好。

最主要的不足是，万一弹道失灵落地，喷火易引起火灾，以及出现烧断尼龙绳等现象。

七、其他特殊放线简介

1. 飞艇及热气飞艇

飞艇展放导引绳作为一种新型的架线施工技术，是新技术应用于生产并大幅提高生产力的典型范例。飞艇利用氦气的浮升介质特性可以垂直起降、低空低速飞行，并能长时间空中悬停；可靠性好，便于维修，具有极好的环保性能。

由于飞艇展放导引绳的施工技术较容易掌握。因而不少建设单位，都使用该方式。如陕西送变电工程公司，曾于 2006 年在 330kV 大彬输电线路进行飞艇跨越放线。从 184 号至 201 号塔跨越放线，跨越山涧 2 次，全长约 6km。云南送变电工程公司和四川电力送变电建设公司协作，采用飞艇跨越 60m 宽、800m 深的断层岩层进行 1174m 的远距离放线，整个放线作业仅耗时 30min。2006 年 7 月 4 日，江西省送变电建设公司在 500kV 巴南—石坪跨江段输变电工程中，为提高效率，降低成本，保护地面植被，保障长江航运的正常运行，采用飞艇放线在成功跨越长江。展放时，专业人员的遥控飞艇从江北鱼嘴镇大坝子村升空 120m，带着直径 2mm 的牵引绳起飞，将引绳准确地落在 3、4 号铁塔的滑轮上，飞过长江，将引绳准确地落在 2 号铁塔的滑轮上，最终将线头落在位于南岸广阳坝的 1 号塔上，整个过程仅用了 13min。随后，工作人员利用这根轻质引绳依次牵引迪尼玛绳、丙纶绳、钢丝绳，直至将长约 1400m、直径 29mm 粗的架空导线拉过江面。

宁夏区内线路施工首次采用飞艇放线取得成功。宁夏送变电公司，曾于 2006 年 3 月承建施工的陶乐—平西 220kV 输变电工程中，使用飞艇跨越黄河放线一次成功，线路为双回，全长 28km。联络线将跨越 22 条 110、35、10kV 高压线路，以及高速公路，农田和黄河。另外，如甘肃、福建、北京等电力建设单位，还应用了遥控的氦气飞艇牵引导引绳进行跨越施工。

除氦气飞艇放线外，我国有不少的送变电公司采用热气飞艇展导引绳放线施工。如湖北省输变电工程公司，在 500kV 线路施工中曾采用热气飞艇展放 5mm 尼龙绳。

飞艇放线展放线的优点：

（1）对场地条件要求低，可在作业区附近就地选择。

（2）安全性好，飞行平稳，下降速度低，即使气囊局部损坏时，对飞行影响小。

（3）操作简单，一般来说比飞机容易驾驶的多。

（4）设备投资少，通常造价约在三万元以下，大多施工单位都有能力购制。

飞艇放线展放线的缺点：

（1）抗风能力差（如某送变电的一飞艇施工时，因突发大风而失空，而飘飞到 50km 以外的大山被毁坏），只能在风小的天气中工作。

（2）受加热用燃料和容器重量的限制航程短。

（3）气囊材料的寿命短。

2. 动力伞展放导引绳

动力伞展放导引绳技术更多的是应用在跨越天险障碍和森林保护区等方面。它是近年来兴起的一种新型展放导线技术，主要用于大跨越以及不适合人力展放导引绳的跨越作业，利用空中飞行的动力伞先展放一根极细的高强度迪尼玛绳（轻型新复合材料，强度相当于钢丝绳，重量相当于尼龙绳），然后利用迪尼玛绳牵引粗迪尼玛绳，粗迪尼玛绳直接牵引钢丝绳然后牵引导线完成放线作业。

动力滑翔伞，是在滑翔伞基础上发展而来的，它是在滑翔伞的座带后面加一个动力推进器，从而成为有推力的飞行器。它借助发动机的推力和滑翔伞的升力翱翔蓝天，能在平地上起降。

动力滑翔伞，按载客人数可分为单人和双人，按飞行方式可分为背式和轮式。推进器多为两冲程的风冷发动，飞行时间达 1～5h。动力滑翔伞的最大优点是起降灵活，受场地限制小，能在马路和操场上随时起飞，较为方便。

日本、美国等曾采用无线电遥控双翼航模飞机展放导引绳。

在输电线架线施工展放导引绳的放线事例也很多。如浙江省送变电公司曾在500kV双龙—九龙输变电线路架线施工中成功采用航空动力滑翔伞放线，这也是浙江省首次利用航空动力滑翔伞展放超高压电线。该工程线路新建杆塔 427 基，架设导地线近 200km，在金华段 310～320 号铁塔临近 220、35kV 等多条带电线路及大片苗木，如采用常规人工地面展放钢丝导引绳、机械牵引升空方法，将对苗木产生大面积损坏。为保护施工段的生态环境，减少树木砍伐和对植被的破坏，同时确保施工安全和提高施工效率，避免停电带来的影响，构建和谐社会，经浙江省送变电公司反复研究、论证，并在成功实施 110kV 电力线路动力滑翔伞放线的基础上，再次采用动力滑翔伞进行引绳展放，通过引绳的空中循环，从而完成工程架线施工。该工程施工时，飞艇上装有 3100m 迪尼玛绳导引线的动力滑翔伞，借助临时“机场”腾空而起。动力滑翔伞飞到 320 号塔近处投放沙包，当迪尼玛绳落到塔顶上后，塔上配合人员迅速将迪尼玛绳绑固在塔身上，动力滑翔伞继续前飞，同时放出迪尼玛绳。每当迪尼玛绳落到塔顶时，塔上人员便及时用绳套将其套绑在地线顶架上。30min 后，动力滑翔伞安全地将迪尼玛绳展放在 10 个 500kV 高压线的塔位。

任务二　拉线制作实训项目标准化作业

拉线制作在施工过程中广泛应用，做工工艺直接影响着整个施工、运维过程中的线路安全。本课程针对拉线制作进行实训，旨在加强人员的拉线制作技能掌握，提高拉线制作工艺。

通过本模块实训，使输电线路新入职学员能够独立完成拉线上、下把的制作及安装，掌握工器具和材料的准备、工作流程、操作步骤及质量标准等，能准确地分析作业中的危险点并制定正确的预控措施。

一、作业前准备

1. 准备工作安排

（1）训练工位准备。根据实训任务，进行现场勘查并确定训练工位数量。

（2）组织爱现场人员学习作业卡。掌握整个操作程序，理解工作任务、质量标准及操作中的危险点及控制措施。

（3）作业前进行工作交底。交代工作任务、作业范围、安全措施、技术措施、人员分工、现场注意事项等。

检查作业人员健康状态、精神状况、个人劳保用品与着装、工器具是否符合要求。

2. 人员要求

（1）作业人员精神状态良好。

（2）具备必要的电气知识，了解现场工器具的性能和使用方法。

（3）规范着装和正确使用劳动保护用品。

（4）培训人员互相关心培训过程安全，及时纠正不安全行为。

3. 工器具准备

工器具准备见表 4-5。

表 4-5　　工 器 具 准 备

序号	名　称	型号规格	单位	数量	备　　注
1	个人用具		套	1	登高、安全防护、常规工具
2	木锤		把	1	
3	断线钳		把	1	
4	紧线器		个	1	
5	钢丝绳套		个	1	
6	传递滑车	1t	个	1	
7	钢卷尺	3m	把	1	
8	皮尺	50m	把	1	
9	防锈漆	小号	罐	1	
10	润滑油	小号	把	1	

材料准备见表 4-6。

表 4-6　　材 料 准 备

序号	名　称	型号规格	单位	数量	备　　注
1	楔形线夹		个	1	
2	UT 线夹		个	1	
3	U 形环		条	1	
4	钢绞线		个	若干	
5	铁丝		米	若干	
6	拉线绝缘子		米	1	
7	扎丝		条	若干	

4. 安全注意事项

（1）展放拉线时应两人配合脚踩、手握，顺拉线铰向展放，防止被弹伤。

（2）操作人员均应戴手套。敲击线夹时应精力集中，手抓稳，落点正确，防止伤手。

（3）选择合适的工器具，严禁以小代大。

（4）按规程、制度、规定正确填写和签发工作票。对工作票把好签发审批关并按规定及时送交办理工作票，必须在办理许可工作手续后，方可进入作业现场。

（5）选派的工作负责人应有较强的责任心和安全意识，并熟悉作业现场情况和熟练地掌握所承担工作的质量标准。选派的工作班成员需能在工作负责人指导下安全、保质保量完成所承担的工作任务。

（6）工作负责人必须在办理许可手续后，方可向工作班成员进行“二交一查”工作。工作负责人应检查工作班成员着装是否整齐、符合要求；安全用具和劳保用品是否佩带齐全。由工作负责人向全体施工人员宣读工作票，交待工作内容、工作地点、现场安全措施、带电部位和其他注意事项。

（7）工作负责人应及时提醒和制止影响作业人员精力的言行，严禁酒后工作和在工作中谈笑、打闹等。

（8）几人同时进行工作时，需互相照应，协同作业。

（9）使用木锤时需脱下手套。

二、拉线制作

拉线制作的具体步骤及具体操作要求如下：

（1）裁线。由于镀锌钢绞线的刚性较大，为避免散股，在制作拉线下料前应用细扎丝在拉线计算长度处进行绑扎，然后用断线钳将其断开。

（2）画印。记号笔在距尾线 300mm 加一个舌片长度的位置画记号线，约 420mm。

（3）弯拉线环。用双手将钢绞线在记号处弯一个小环儿，用脚踩住主线，一手拉住线头，另一手握住并控制弯曲部位，协调用力将钢绞线弯曲成环，弯曲后半径应略大于线夹舌片大头弯曲半径，画印点应位于弯曲部分中点。为保证拉线环的平整，应将端线分别换边弯曲。

（4）整形。为防止钢绞线出现急弯，将做好的拉线环分别用膝盖抵住钢绞线主线、尾线进行整形，使其呈现开口销状，以保证钢绞线与舌片结合紧密。

（5）穿线。钢绞线自线夹本体小口侧穿进，绕过舌板大头后自夹体凸肚穿出；钢绞线上划线点位于舌板大头圆弧的中点。

（6）装配。拉线环制作完成后，将拉线倒回头尾线端，从楔形线夹凸肚侧穿出，放入舌板并适度的用木锤敲击，使其压住拉线，让拉线与线夹间配合紧密。

（7）绑扎。用记号笔在距离尾线端 80mm 处划印作为绑扎的起点，向尾线端距离该划印点 30mm 处划印作为绑扎的终点。绑扎的方法用手扎法。绑扎时，右脚在前左脚在后，成弓字步，钢绞线置于右腋下，绑扎铁丝的外圈与钢绞线接触，绑扎铁丝垂直于钢绞线缠绕，按照顺时针用力均匀缠绕。每圈铁丝均应均匀、平整、紧密无缝隙。铁丝端头应在两股钢绞线缝隙中间。将钢绞线踏弯曲部分校直，扎线末端拧成三个麻花劲，压实。

（8）防腐处理。按照拉线安装施工的规定要求，完成制作后应在扎线及钢绞线的端头涂上防腐漆，提高拉线的防腐能力。

（9）注意事项。剪断时配合人员两只手需要握住剪断处两个头，防止钢绞线剪断时反弹伤人；配合人员及其他人员远离 1m，操作人员站好位置，防止钢绞线弯曲反弹伤人；使用木锤敲打时不可以佩戴手套，并且前方不要站人，防止榔头甩出伤人。

任务三　导线压接实训标准化作业

导线压接主要用在架空线的连接处，包括架空线与压接式耐张线夹的连接，架空线之间的直线连接，导线与此同时跳线间的连接，导线因损伤需要压接修补等。导线压接质量直接影响线路的运行状态。

架空线的连接，根据作业方式的不同分为钳压连接、液压连接和爆压连接等。钳压、液压及爆压施工是架线施工的一项重要隐蔽工序。操作时必须有指定的质检人员或监理人员在场进行监督与检查。

一、钳压连接

钳压连接是将钳压型连接管用钳压设备与导地线进行直接接续的压接操作。应执行 GB 50233—2004《110～750kV 架空输电线路施工及验收规范》有关规定。

钳压器按使用操作及动力来源可分为机械杠杆和液压顶升两种。钳压连接的基本原理是利用钳压器的杠杆或液压顶升的方法，将作用力传给钳压钢模（钢模分上模和下模），把被接的导线两端头和钳压管一同压成间隔状的凹槽，借助管壁和导线的局部变形，获得摩擦阻力，从而达到把导线接续的目的。

液压式钳压器，由压接钳和手摇泵两部分组成。使用时，将手摇泵和压接钳对接，摇动手柄，使压力上升，推动钢模，达到钳压的目的。

二、液压连接

液压连接是一种传统工艺方法，即用液压机（见图 6-25）和钢模把接续管与导线或避雷线连接起来的一种工艺。液压接续适用于钢绞线和截面大于 240mm^2 钢芯铝绞线导地线的接续。

输电线路中用的液压连接机的种类有 Cy-25、Cy-50、Cy-100 型等。液压机由超高压油泵装置、压接机两部分组成。使用时由高压钢管将两部分连接起来，不用时拆分连接管。

钢模，由上下两模合成一套，采用液压连接方式，所选用钢模应与相应的接续管相符，不能代用。

接续管应与被连接的导线型号相符，规格尺寸应符合 GB 2314—1997《电力金具通用技术条件》。

1. 液压接续施工工艺

液压接续施工工艺，必须按照现行的 GB 50233—2014《110～750kV架空输电线路施工及验收规范》的规定进行操作。

（1）液压接续前的检查。液压前，必须对各种液压管进行外观检查，不得有弯曲、裂痕、锈蚀等缺陷。应对液压管内、外径及长度进行检测并做好记录。导、地线液压管的管内、外径及长度允许偏差见 GB/T 2317—2000《电力金具验收规则、标志与包装》的规定。

检查导、地线的型号、规格及结构，应与设计图纸相符，且符合国家标准。

检查液压设备是否完好，应能保证正常操作。油压表必须定期校核，做到准确可靠；同时也应检查压接用钢模，应与液压管相匹配。

（2）导、地线其切割及划印定记号。完成上述施工的检查工序后，应辨认导线、地线的相别和线别。将导线、地线校直及平整好，同时注意与管口相距的 15m 内不存在必须处理的缺陷。在进行导、地线端部割线前还须加防止线端松散；切割导线、地线断口应保证与其轴线垂直。

切割铝股或钢线必须使用断线钳或钢锯，不得用大剪刀或电工钳剪断铝股或钢芯。在切割钢芯铝绞线的内层铝股时，应严禁伤及钢芯，为此应先割到铝股直径 3/4 处，然后将铝股逐辦断。

划印定记号。所谓“划印定记号”，即用能划印记工具（如红铅笔或印笔）在导线、地线表面上划上能表示断线位置或穿线位置的记号。表示穿管位置“划印定记号”的尺寸视液压管长度而定。

由钢、铝管组成的钢芯铝绞线液压管一般是先压钢管后压铝管，钢管压前应在纲绞线上划第几次定位印记。当钢管压接完成后，必须第二次在铝管股表面上划铝管的定位记号。量尺划印的定位记号，应立即复尺，确保无误。

（3）导、地线及液压管的清洗。各种液压管均应用汽油清洗。钢绞线的液压部分在穿线前也应用汽油清洗，清洗长度不短于穿管长度的 1.5 倍。钢芯铝绞线的液压部分在穿管前用汽油清洗其表面油污垢，先套入铝管的一端清洗长度不短于铝套长度，后套入铝的一段清洗长度不短于半管长度的 1.5 倍；对于防腐钢芯铝绞线应清洗其表面的氧化膜并涂以 801 电力脂。用补修管修导线，应用干净棉纱将覆盖部分导线上的泥土等脏物擦干净。如导线有断的股，应在直线管内中点两侧涂抹少量 801 电力脂，再套上补修管，进行液压。

（4）导线、地线的穿管和各种压接管的液压操作。根据导线、地线液压连接的压接管不同分钢绞线直线管、钢绞耐张管等。根据压接的方式不同又分对接、搭接等方式。

各种压接管的液压操作，也因方式方法不同，采用不同的操作方式，有关这方面的知识，请读者参见相关要求，这里不予介绍。

2. 液压接续质量标准要求

（1）采用液压连接导线、避雷线前，每种型号的试件不少于 3 根，试件握着力不小于导线、避雷线计算拉断力的 95%，否则应查明原因，改进后加倍试验，直至全部合格。

（2）液压后管子不应有肉眼可看出的扭曲现象，有明显弯曲时应校直，校直后不应出现裂缝。

（3）钳压管端头部分应露出 20mm；液压操作人员自检合格后打上自己的钢印，质检人员在记录表上签名。

三、爆压连接

利用炸药的爆炸压力施于接续管，将导线或避雷线连接起来的方法，称爆压连接，简称爆压。所用接续管又称爆压管。爆压连接根据施工工艺分外爆压和内爆压。

（1）外爆压，即在爆压管外壁沿其轴线方向敷（缠）炸药，利用炸药爆炸反应的瞬间产生巨大的爆炸压强（数万大气压），在数十毫秒的时间内，迫使压接管产生塑性变形，将管内的架空线握紧，达到连接的目的。爆炸反应结束时，全管表面压接随之完成。

（2）内爆压，在爆压管内装无烟火药，实施导线的爆压连接，即内爆压法。爆压连接方法，具有用药少，无需雷管和炸药，噪声小，安全半径极小（仅几米）等优点。

爆炸连接，目前广泛使用的方法是导爆索爆压，用雷管起爆。普通导爆索结构同导火索基本相似，主要不同点是药芯的装药，导爆索药芯是白色的黑索金，导火索是黑色的黑火药。为便于识别，导爆索外层防潮层涂料中掺有红色染料，导火索外层是白色涂料。

任务四　登塔走线实训项目标准化作业

登塔走线是输电检修人员最基本技能之一。通过讲解、熟悉输电线路登塔程序和相关要求，熟悉危险点及预防措施，使输电检修人员具备登塔出线的基本技能。

一、实训准备

1. 实训中的安全注意事项

（1）高处坠落。登杆塔前应检查爬梯、脚钉及个人安全用具牢固、完好后方可攀登；攀登杆塔过程中检查脚钉连接是否松动，应抓稳踏牢；杆塔上作业人员必须系好安全带，安全带必须系挂在牢固构件上；转移作业时不得失去安全带和防坠器的保护。

（2）物体打击。工作人员不得站在作业处的垂直下方，高处落物区不得有无关人员通行和逗留；起吊工器具应扎牢固并慢慢传递；工器具、材料严禁浮搁在塔上；工器具及材料禁止抛掷。

2. 实训中的关键点

登塔、出线、走线。

3. 实训中的现场组织

（1）分组。分成三个组，每个组一个工位，一个指导老师。保证每名学员得到充分的练习、指导。

（2）每天开班前会，交代实训任务、所用器材、注意事项等。

4. 实训前的准备

（1）人员。输电线路专业新入职学员，熟悉 Q/GDW 1799.2—2013《国家电网公司电力安全工作规程　线路部分》，具备必要的安全生产知识，并经考试合格。

（2）工器具。防坠器、安全带、后备保护绳。

5. 登塔走线实训流程

（1）安全工器具的正确检查和穿戴。

（2）杆塔攀登。

（3）塔上移位。

（4）出线。

（5）走线。

（6）下塔。

二、技能要点

1. 登塔要点

（1）依照工作票检查线路名称和编号，现场工作条件，铁塔基础、塔身、脚钉、防坠轨道的完整情况。

（2）正确检查、实验安全工器具，并穿戴整齐。

（3）汇报工作负责人后进行登塔作业。

（4）登塔时注意脚钉是否齐全牢固可靠，避免踩空失稳。

2. 移位要点

（1）塔上移位时，必须保证有至少一道保护，在下一个保护可靠连接前，不允许断开上一个保护。

（2）防止塔上作业人员高处坠物，塔下及作业点正下方禁止人员接近或停留。

（3）塔上移位时需要抓牢踩稳。

3. 走线操作要点

（1）出线前需要对导线进行冲击试验。

（2）可以采用正爬、倒爬、侧爬方式出线。

（3）走线时两只脚应踩在同一条导线上，为了保持平稳，可以采取骑导线方式走线。

4. 实训后的收整

清理现场：清点工器具等，清洁地面。

5. 实训项目的技能考核关键环节

（1）考核项目：登塔走线。

（2）考核方式：教考分离、平时成绩与考核成绩相结合。

（3）评分标准。

1）准备工作。

a. 核对线路双重名称，检查基础、塔身、脚钉滑轨，少一项扣2分。

b. 正确检查安全工器具，安全工器具过期扣2分，安全带未做冲击试验扣2分。

c. 正确穿戴安全工器具，安全帽、安全带、手套、防坠锁一项不合格扣2分。

2）登塔。

a. 得到许可后方可开始登塔。

b. 登塔过程熟练，登塔中不得失去防坠器保护，攀登时不得打滑，双手攀爬抓住主材，一项不合格扣2分。

3）塔上移位。

a. 正使用安全带，塔上移位时，必须保证有至少一道保护，在下一个保护可靠连接前，不允许断开上一个保护，失去保护每次扣 5 分。

b. 安全带系在不牢固构件上，每次扣 5 分。

4）走线。

a. 出线前进行冲击试验，未进行扣 5 分。

b. 移动过程中脚不能踏空，踩空一次扣 2 分。

c. 倒换安全带时，不可同时解开安全带与后备绳，失去保护扣 5 分。

5）操作时间。限制在 30min 内完成，每超时 1min 扣 1 分，超时 5min，停止操作。不足 1min 按 1min 算，小于 30min 不加分数。

6）其他问题。

a. 文明生产：清点工具，清洁地面，一项未做扣 2 分。

b. 平时成绩：根据考勤、实训积极性等情况进行打分，满分 15 分。

6. 操作步骤

操作步骤见附录 G 输电线路登塔走线实训作业指导书。

任务五 附件安装实训项目标准化作业

附件安装是输电线路检修作业中的重要工作之一，本项目主要针对更换 500kV 线路防震锤进行实训，主要内容包括准备工作、安全措施及注意事项、主要工器具和更换 500kV 线路防震锤的流程及工艺标准。

一、输电线路停电检修实训

1. 实训中的安全注意事项

（1）高处坠落。登杆塔前应检查爬梯、脚钉及个人安全用具牢固、完好后方可攀登；攀登杆塔过程中检查脚钉连接是否松动，应抓稳踏牢；杆塔上作业人员必须系好安全带，安全带必须系挂在牢固构件上；转移作业时不得失去安全带和防坠器的保护。

（2）物体打击。工作人员不得站在作业处的垂直下方，高处落物区不得有无关人员通行和逗留；起吊工器具应扎牢固并慢慢传递；工器具、材料严禁浮搁在塔上；工器具及材料禁止抛掷。

2. 实训中的关键点

防震锤的更换、铝包带缠绕。

3. 实训中的现场组织

（1）分组：分成三个组，每个组一个工位，一个指导老师。保证每名学员得到充分的练习、指导。

（2）每天开班前会，交代实训任务、所用器材、注意事项等。

4. 实训前的准备

（1）人员：输电线路专业新入职学员，熟悉 Q/GDW 1799.2—2013《国家电网公司电力安全工作规程　线路部分》，具备必要的安全生产知识，并经考试合格。已参加过输电线路检修理论培训及登塔走线实训。

（2）工器具：安全工器具、滑车。

5. 防震锤更换操作实训流程

（1）现场勘查。

（2）工作许可。

（3）核对现场。

（4）登塔作业。

（5）验电接地。

（6）更换防震锤。

（7）工作终结。

二、技能要点

1. 现场勘查要点

（1）应明确现场检修作业需要停电的范围、保留的停电部位、现场作业的条件、环境及其他危险点等；了解杆塔周围情况、地形、交叉跨越等。

（2）查阅图纸资料，明确导地线型号、金具型号等；根据杆塔导线的荷载、杆塔防震锤的类型以确定使用的防震锤类型、工器具、材料工作票。

（3）工作票签发人根据现场情况及相关资料，签发工作票和任务单；根据安全规程和现场实际，填写电力线路第一种工作票。工作负责人确认无误后接受工作票和工作任务单。

（4）对使用的防震锤进行外观检查型号核对，保证能与导线配套。

2. 验电要点

（1）验电操作人员在监护人的监护下，带传递绳沿脚钉登塔到横担，将安全带系在铁塔的牢固构件上，再将传递绳系在铁塔的适当位置。

（2）将验电杆和地线传至塔上，逐相验电并挂牢接地线；声光验电器在使用前必须经检验合格。

（3）携带传递绳沿脚钉下塔，报告工作负责人验电确无电压、挂接地线完毕。

3. 防震锤更换操作要点

（1）铝包带应紧密缠绕，其缠绕方向应与外层铝股线的绞制方向一致；所缠铝包带可露出夹口，但不应超过10mm，其端头应回夹压住。

（2）拆除旧防振锤后必须拆除旧铝包带，且新防振锤应原位安装。

（3）拆除和安装防振锤过程中，防止工具、材料掉落。

（4）工器具、材料应绑扎牢固，传递过程中防止掉落或与塔身磕碰。

4. 拆除接地线操作要点

（1）工作负责人检查横担上及作业点有无遗漏的工具、材料，确无问题后下令拆除接地线。

（2）拆接地线的顺序与挂接地线的顺序相反。

（3）接地线拆除后塔上人员检查塔上有无遗漏的工具和材料，无问题后带传递绳沿脚钉下塔至地面向工作负责人汇报。

5. 实训后的收整

清理现场：清点工具等，清洁地面。

三、实训项目的技能考核关键环节

1. 考核项目

更换 500kV 线路防震锤。

2. 考核方式

教考分离、平时成绩与考核成绩相结合。

3. 评分标准

（1）准备工作。

能准确描述工作任务，作业内容，作业区段，一项描述不清扣 2 分。

（2）登塔作业。

1）没有按照规程使用安全工器具，一处扣 2 分。

2）塔上移位和出线过程中失去保护，扣 10 分。

（3）验电操作。

1）验电器没有校验，扣 2 分。

2）地线安装顺序不正确，扣 4 分。

（4）防震锤更换。

1）防震锤安装距离超过要求，扣 2 分。

2）铝包带缠绕不符合规范，扣 2 分。

3）清点仪器、工具等，清洁地面，未清理扣 2 分。

（5）地线拆除。

1）拆除顺序不正确，扣 4 分。

2）清点工具，清洁地面，未清理扣 2 分。

（6）操作时间。限制在 30min 内完成，每超时 1min 扣 1 分，超时 5min，停止操作。不足 1min 按 1min 算，小于 30min 不加分数。

（7）其他问题。

1）文明生产：操作过程中发生物品掉落，掉落一件扣 5 分。

2）平时成绩：根据考勤、实训积极性等情况进行打分，满分 15 分。

4. 操作步骤

操作步骤见附录 H 输电线附件安装实训作业指导书。

任务六 绝缘子组装实训项目标准化作业

绝缘子及相关金具组装是输电线路运维检修人员基本技能之一，本实训为输电线路金具及绝缘子串组装，学员能正确区分各类金具，依据图纸可以独立选择合适金具进行绝缘子串组装。

一、绝缘子组装实训

1. 实训中的安全注意事项

金具属于铸件，在搬运过程中需要抓牢，防止脱落砸伤。

2. 实训中的关键点

认知常见金具，区别常见金具，根据图纸进行绝缘子串组装。

3. 实训中的现场组织

（1）分组：分成十个小组，每个五组三个个指导老师。每个小组有 4～6 人，保证每名学员得到充分的练习、指导。

（2）每天开班前会，交代实训任务、所用器材、注意事项等。

4. 实训前的准备

（1）人员：输电线路专业新入职学员，熟悉 Q/GDW 1799.2—2013《国家电网公司电力安全工作规程 线路部分》，具备必要的安全生产知识，并经考试合格，已参加过输电线路基本理论培训。

（2）工器具：扳手，取销钳。

5. 绝缘子组装实训流程

（1）图纸识别。

（2）选择金具。

（3）进行组装。

二、技能要点

1. 金具及绝缘子串组装要求

（1）绝缘子安装前应将表面逐个清洗干净，并进行外观检查。安装时应检查碗头、球头与弹簧销子之间的间隙，在安装好弹簧销子的情况下，球头不得自碗头中脱出。合成绝缘子伞裙的表面不允许有开裂脱落破损等现象，绝缘子的芯棒不应有明显歪斜。

（2）金具的镀锌层若有局部破损、剥落或缺锌，应除锈后补刷防锈漆。

（3）绝缘子串导线及架空地线上的各种金具上的螺栓、穿钉及弹簧销子，除有固定的穿向外，其余穿向应统一，并应符合下列规定：

1）悬垂串上的弹簧销子均按线路方向穿入，使用 W 型弹簧销子时，绝缘子大口均应朝线路后方，使用 R 型弹簧销子时，绝缘子大口均朝线路前方；螺栓及穿钉凡能顺线路方向穿入者均按照线路方向穿入，特殊情况两边线由内向外，中线由左向右转入。

2）耐张串上的弹簧销子，使用 W 型弹簧销子时，绝缘子大口均应向上，使用 R 型弹簧销子时，绝缘子大口均向下；螺栓及穿钉均由上向下穿，特殊情况可由内向外，由左向右转入。

3）分裂导线上的穿钉、螺栓均由线束外侧向内传。

4）当穿入方向与当地运行单位要求不一致时，可按运行单位要求。

（4）金具上的所有闭口销的直径必须与孔径相配合，且弹力适度。

2. 金具及绝缘子串组装步骤

（1）识别图纸，并按照图纸选择相应的金具及绝缘子，运输到组装地点。

（2）绝缘子应将表面逐个清洗干净，并进行外观检查，检查各连接金属销有无脱落、锈蚀，钢脚、钢帽有无偏斜裂纹变形或锈蚀现象；绝缘子有无闪络、裂纹、灼伤、破损等痕迹。使用相应仪器，检查各片绝缘子的绝缘电阻值。

（3）检查个金具的规格、镀锌防腐等是否合格；金具应无变形、锈蚀、开焊、裂纹，连接处应转动灵活，各类金具销子应齐全完好。

（4）将金具和绝缘子串按照施工图设计要求和组装图的顺序组装好；各种金具的螺栓、穿钉及弹簧销子等穿向应符合规范要求。

3. 实训后的收整

清理现场：清点工具、材料等，清洁地面。

三、实训项目的技能考核关键环节

1. 准备工作

（1）安全工器具穿戴齐全。安全帽、手套一项穿戴不合格扣 2 分。

（2）根据图纸选择相应的金具及绝缘子，选择错一件扣 5 分。

2. 组装操作

（1）检查金具及绝缘子外观，未检查或有问题未检查出来，扣 2 分。

（2）螺栓紧固不到位，一处扣 2 分，螺栓、穿钉及弹簧销子穿向不符合规范，一处扣 2 分。

（3）未按照图纸所示连接金具，一处扣 5 分。

3. 操作时间

限制在 15min 内完成，每超时 1min 扣 1 分，超时 5min，停止操作。不足 1min 按 1min 算，小于 15min 不加分数。

4. 其他问题

（1）文明生产：操作过程中发生金具、绝缘子脱手掉落，一次扣 2 分，未整理工器具及材料，一次扣 5 分。

（2）平时成绩：根据考勤、实训积极性等情况进行打分，满分 15 分。

5. 操作步骤

操作步骤见附录Ⅰ 绝缘子组装实训作业指导书。

任务七　线路停电检修实训项目标准化作业

停电检修是输电线路检修作业中的重要工作之一，本项目主要针对更换500kV线路间隔棒进行实训，主要内容包括准备工作、安全措施及注意事项、主要工器具和更换500kV线路间隔棒的流程及工艺标准。

一、输电线路停电检修实训

1. 实训中的安全注意事项

（1）高处坠落。登杆塔前应检查爬梯、脚钉及个人安全用具牢固、完好后方可攀登；攀登杆塔过程中检查脚钉连接是否松动，应抓稳踏牢；杆塔上作业人员必须系好安全带，安全带必须系挂在牢固构建上；转移作业时不得失去安全带和防坠器的保护。

（2）物体打击。工作人员不得站在作业处的垂直下方，高处落物区不得有无关人员通行和逗留；起吊工器具应扎牢固并慢慢传递；工器具、材料严禁浮搁在塔上；工器具及材料禁止抛掷。

2. 实训中的关键点

间隔棒的更换、间隔棒的安装。

3. 实训中的现场组织

（1）分组：分成三个组，每个组一个工位，一个指导老师。保证每名学员得到充分的练习、指导。

（2）每天开班前会，交代实训任务、所用器材、注意事项等。

4. 实训前的准备

（1）人员：输电线路专业新入职学员，熟悉Q/GDW 1799.2—2013《国家电网公司电力安全工作规程　线路部分》，具备必要的安全生产知识，并经考试合格，已参加过输电线路检修理论培训及蹬塔走线实训。

（2）工器具：安全工器具、间隔棒专用工具。

5. 间隔棒更换操作实训流程

（1）现场勘查。

（2）工作许可。

（3）核对现场。

（4）登塔作业。

（5）验电接地。

（6）更换间隔棒。

（7）工作终结。

二、技能要点

1. 现场勘查要点

（1）应明确现场检修作业需要停电的范围、保留的停电部位、现场作业的条件、环境及其他危险点等；了解杆塔周围情况、地形、交叉跨越等。

（2）查阅图纸资料，明确导地线型号、金具型号等；根据杆塔导线的荷载杆塔间隔棒的类型以确定使用的间隔棒类型、工器具、材料工作票。

（3）工作票签发人根据现场情况等相关资料，签发工作票和任务单，根据安全规程和现场实际，填写电力线路第一种工作票；工作负责人确认无误后接受工作票和工作任务单。

（4）对使用的间隔棒进行外观检查型号核对，保证能与导线配套。

2. 验电要点

（1）验电操作人员在监护人的监护下，带传递绳沿脚钉登塔到横担，将安全带系在铁塔的牢固构件上，再将传递绳系在铁塔的适当位置。

（2）将验电杆和地线传至塔上，逐相验电并挂牢接地线；声光验电器在使用前必须经检验合格。

（3）携带传递绳沿脚钉下塔，报告工作负责人验电确无电压、挂接地线完毕。

3. 间隔棒更换操作要点

（1）安全措施做好后，更换间隔棒的操作人员在工作监护人的指令下带传递绳沿脚钉上塔到左线的横担上方，将双保险安全带的保险尾绳系在横担的主材上。

（2）更换间隔棒的操作人员背传递绳沿绝缘子串下到导线上，将安全带系在导线上解开保险绳走线至前侧（大号侧）第 1 个间隔棒处，将传递绳挂在右上子导线上。

（3）地面人员将配齐附件的间隔棒用传递绳传到作业点。

（4）更换间隔棒的操作人员从传递绳上取下新间隔棒，拔下新间隔棒左上子导线线侧的销针打开线夹，夹在靠原有间隔棒 100mm 处的导线上，使用专用工具收紧线夹，穿入销钉给好销针。按此方法依次安装好间隔棒其他子导线线夹。

（5）新间隔棒安装完后拆除旧间隔棒，操作程序与安装程序相反。

（6）更换间隔棒的操作人员将拆下的间隔棒附件配齐并用传递绳传到地面。更换间隔棒的操作人员检查新换的间隔棒及附件安装是否符合要求（销钉的穿入方向与旧间隔棒的穿入方向一致，弹性闭口销垂直穿者一律由上向下，不得用线材代替闭口销，间隔棒结构面应与导线垂直）。

4. 拆除接地线操作要点

（1）工作负责人检查横担上及作业点有无遗漏的工具、材料，确无问题后下令拆除接地线。

（2）拆接地线的顺序与挂接地线的顺序相反。

（3）接地线拆除后塔上人员检查塔上有无遗漏的工具和材料，无问题后带传递绳沿脚钉下塔至地面向工作负责人汇报。

5. 实训后的收整

清理现场：清点工具等，清洁地面。

三、实训项目的技能考核关键环节

1. 准备工作

能准确描述工作任务，作业内容，作业区段，一项描述不清扣 2 分。

2. 登塔作业

（1）没有按照规程使用安全工器具，一处扣 2 分。

（2）塔上移位和出线过程中失去保护，扣 10 分。

3. 验电操作

（1）验电器没有校验，扣 2 分。

（2）地线安装顺序不正确，扣 4 分。

4. 间隔棒更换

（1）间隔棒安装距离超过要求，扣 2 分。

（2）间隔棒安装、拆卸顺序不正确，扣 2 分。

（3）清点仪器、工具等，清洁地面，一项未做扣 2 分。

5. 地线拆除

（1）拆除顺序不正确，扣 4 分。

（2）清点工具，清洁地面，未清理扣 2 分

6. 操作时间

限制在 30min 内完成，每超时 1min 扣 1 分，超时 5min，停止操作。不足 1min 按 1min 算，小于 30min 不加分数。

7. 其他问题

（1）文明生产：操作过程中发生物品掉落，掉落一件扣 5 分。

（2）平时成绩：根据考勤、实训积极性等情况进行打分，满分 15 分。

8. 操作步骤

操作步骤见附录 J　输电线路停电检修实训作业指导书。

任务八　线路巡视实训项目标准化作业

线路巡视是输电线路运行维护的主要手段，在运行维护过程中需要通过巡视，熟悉了解线路运行状况，以便诊断缺陷和隐患，预防事故的发生，并确定线路的检修内容。掌握导线、架空地线、绝缘子、金具、杆塔、基础、拉线、接地装置、附属设施等原件的运行标准，能够发现并准确定性缺陷是一个输电线路人员的最基本技能。

一、输电线路巡视实训

1. 实训中的安全注意事项

望远镜及测距仪属于精密仪器，使用时应注意调节速度过快，力度过大、磕碰等造成损坏，定期保养。

2. 实训中的关键点

望远镜的调节、测距仪的使用、巡视时的站位、对缺陷隐患的定性、缺陷隐患单的填写。

3. 实训中的现场组织

（1）分组：分成十八个小组，三个大组，每个小组一台仪器，每个大组一个指导老师。每个小组有3～4人，保证每名学员得到充分的练习、指导。

（2）每天开班前会，交代实训任务、所用器材、注意事项等。

4. 实训前的准备

（1）人员：输电线路专业新入职学员，熟悉Q/GDW 1799.2—2013《国家电网公司电力安全工作规程　线路部分》，具备必要的安全生产知识，并经考试合格。已参加过输电线路巡视理论培训。

（2）工器具：望远镜。

5. 线路巡视实训流程

（1）望远镜的调节操作。

（2）测距仪的使用方法。

（3）线路巡视的站位及重点部位的观测。

（4）缺陷隐患的定性及缺陷单的填写。

二、技能要点

1. 望远镜使用要点

（1）尽量将双手握持住镜子重心位置，从而最大限度的保持镜子的稳定性。

（2）观测前应首先确定观测顺序及范围（目标点），以减少用镜子的时间缓解眼部疲劳。

（3）左右目镜分别旋转调节，即左右眼分别对远处目标观察，分别旋转左右目镜至目标最清晰。

（4）调节左右眼视场重合，将望远镜的镜筒向外扳大或向内扳小，直到两眼观察到的景物合为一象，两视场完全重合为止。

（5）冬季寒冷天气使用镜子时，观测时尽量屏住呼吸并让目镜与眼部保持适宜的距离防止镜片有水汽。

2. 测距仪使用要点

（1）轻按“发射键”测距仪启动电源，通过目镜可看见测距仪处于准备测量状态。

（2）通过“屈光度调节器”来调节被测物体的清晰度。瞄准越近的物体，“屈光度调节器”越往左旋转；相反，瞄准越远的物体，“屈光度调节器”越往右旋转。

（3）调节测量单位：显示 M 时以米单位，显示 Y 时以码为单位。确定单位后，选择相应的测试模式：

BEELINE 为测量目标的直线距离。

HIGH 为测量目标的高度。

ANGLE 为测量目标与测试点的俯仰角。

无字母显示为测量测距目标的斜线距离。

（4）通过测距仪目镜中的“内部液晶显示屏”瞄准被测物体，轻按“发射键”，进行测量。

3. 巡视方法要点

（1）根据杆塔的类型选择相应的位置进行巡视。将顺线路与横导线方向进行十字划分，划分后十字分割线角分线向阳光侧定为1（见图4-1），其余逆时针排序，对不同类型的杆塔进行巡视时，可以采用不同的位置，因阳光位置变化可以在点周边进行微调，确保最好的巡视角度，选点方法：

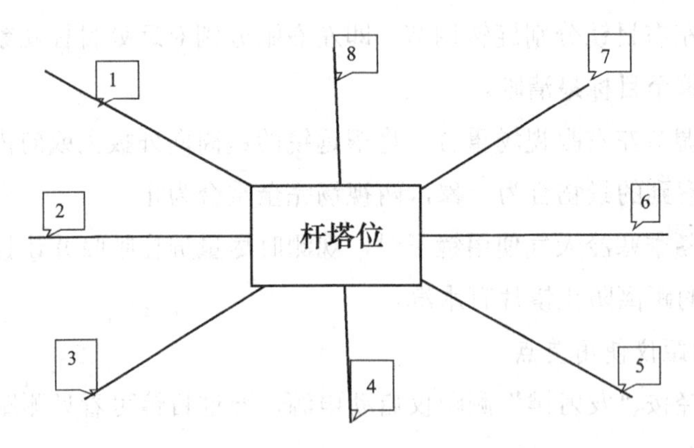

图4-1 杆塔位观测点示意图

1）酒杯及猫头型。

位置：1点、3点为主观测点，7点或6点为补充观测点。

顺序：由上至下为远端地线及支架、远端边导线绝缘子及金具、中线绝缘子及金具、近侧地线及支架、近侧导线绝缘子及金具、塔身。

2）上字型、干字型塔。

位置：1点、3点为主观测点，7点为补充观测点。

顺序：由上至下为地线、上导线、远边线、近边线、塔身。

3）双回鼓型塔。

位置：1、7为主观测点。

顺序：由上至下为地线、导线、塔身。

（2）观测时不要仰角过大，以免颈部疲劳，可根据个人习惯和杆塔高度适当选取。一般观测时都在杆塔高度的1～1.2倍操作。

（3）当所处位置不易观测或对观测结果有怀疑时，应更换观测点直至找到最佳观测点（一般不会多于两点）。

4. 缺陷及隐患定性及缺陷隐患单填写要点

（1）明确各类部件的分类，能够快速查询缺陷分类标准，对缺陷进行定性。

（2）填写缺陷隐患单是用词准确，表述清楚，用语规范。

5. 实训后的收整

回收仪器：将目镜和物镜盖子盖好后，将望远镜及测距仪放入相应的保护盒。

三、实训项目的技能考核关键环节

1. 准备工作

望远镜调节：调节力度过大，强行掰折扣2分；调节目镜时两目镜同时调节扣2分。

2. 线路巡视

（1）迎阳光方向巡视扣2分。

（2）缺陷漏一处扣5分。

（3）不能准确回答杆塔上预设字牌上的内容扣5分。

（4）使用测距仪时没有设定单位、测量模式不正确、测量误差超过50cm扣3分。

3. 回收仪器

回收前，未合盖扣2分。

4. 测量数据分析

（1）缺陷定性查询超过 1min 扣 2 分，没过 30s 扣 2 分。

（2）缺陷描述不准确扣 5 分。

5. 操作时间

限制在 20min 内完成，每超时 1min 扣 1 分，超时 5min，停止操作。不足 1min 按 1min 算，小于 20min 不加分数。

6. 其他问题

平时成绩：根据考勤、实训积极性等，满分 15 分。

7. 操作步骤

操作步骤见附录 K　输电线路巡视实训作业指导书。

附录A 室外选线实训作业指导书

1 编制目的

通过标准化实训课程学习，学员学会使用GPS、全站仪等仪器的操作方法，学会室外选线的基本方法，并利通过现场实训学习，了解、熟悉室外选线工作的流程及现场组织。

2 编制依据

GB 50061—2010 《66kV及以下架空电力线路设计规范》

GB 50545—2010 《110kV～750kV架空送输电线路设计规范》

DL 5009.2—2013 《电力建设安全工作规程 第2部分：电力线路》

DL/T 5092—1999 《110～500kV架空送电线路设计技术规程》

DL/T 5451—2012 《架空输电线路工程初步设计内容深度规定》

Q/GDW 1799.2—2013《国家电网公司电力安全工作规程 线路部分》

3 适用范围

本作业指导书适用于国网技术学院培训学员进行室外选线——线路终勘测量作业。

4 前期准备

4.1 现场组织

现场组织见表A.1。

表 A.1　现　场　组　织

序号	内　　容	责任人	备　　注
1	施工总负责人：全面负责本次室外选线——线路终勘测量作业		
2	技术负责人：负责本次室外选线——线路终勘测量作业中的技术问题		
3	安全负责人：负责本次室外选线——线路终勘测量作业的安全及监护		
4	材料负责人：负责本次室外选线——线路终勘测量作业所有材料的领取、发放、保管及退换		

4.2　作业条件

作业条件见表 A.2。

表 A.2　作　业　条　件

序号	内　　容	标　　准	责任人	备　　注
1	本项作业应在晴好的天气下进行，风力大于 5 级、雷、雨、雪、雾等恶劣天气时，严禁作业	DL 5009.2—2013《电力建设安全工作规程 第 2 部分：电力线路》		
2	必须在线路路径初勘工作完成以后进行	GB 50545—2010《110kV～750kV 架空送输电线路设计规范》、GB 50061—2010《66kV 及以下架空电力线路设计规范》、DL/T 5451—2012《架空输电线路工程初步设计内容深度规定》		
3	其他工作与作业同时进行	根据作业计划		

4.3　工作准备

工作准备见表 A.3。

表A.3 工作准备

序号	内容	标准	责任人	备注
1	向电网建设培训部提出工作申请，并得到许可	根据工作计划		
2	根据现场实际和相关资料等编制本标准化作业指导书	按需要进行现场勘察，根据《现场标准化作业指导书编制导则》编制本指导书		
3	组织人员学习作业指导书，明确危险点及控制措施，明确人员分工，作业人员准备工器具、材料	参加作业人员熟知自己在本次作业中的工作内容、工艺标准和应采取的安全措施		

4.4 人员要求

人员要求见表A.4。

表A.4 人员要求

序号	内容	责任人	备注
1	作业人员经Q/GDW 1799.2—2013《国家电网公司电力安全工作规程 线路部分》考试合格		
2	身体健康，精神状态良好		
3	具备线路电力理论知识		
4	作业人员4人一组		

4.5 工器具准备

工器具准备见表A.5。

表A.5 工器具准备

序号	名称	型号	单位	数量	备注
1	GPS（1套基站+3套流动站）		套	1+3	含脚架1台
2	全站仪		台	3	含脚架
3	钢尺		把	3	5m

续表

序号	名　　称	型　　号	单位	数量	备　　注
4	花杆		根	3	3m（含棱镜头）
5	小锤子		把	1	
6	对讲机		台	3	
7	记录本		本	1	含笔
8	木桩		根	20	
9	钉子		根	若干	
10	油漆（含毛笔）		桶	1	也可用红色白板笔替代

4.6 材料准备

材料准备见表A.6。

表A.6　　　　材　料　准　备

序号	名　　称	型　　号	单位	数量	备　　注
1	—				

4.7 危险点分析及防范措施

危险点分析及防范措施见表A.7。

表A.7　　　　危险点分析及防范措施

序号	危险点分析	防　范　措　施
1	锤子伤人	使用锤子时对面不得有人；锤子打木桩，持桩的手不得高于木桩顶部
2	花杆、脚架尖伤人	花杆、脚架在移动过程中花杆尖应垂直对地，学员在使用过程中不能使用花杆、脚架打闹玩耍
3	仪器安全	在使用仪器过程中注意保护仪器，不能摔碰。仪器交接时，应检查仪器是否完好
4	防坠落物伤人	正确佩戴安全帽，注意观察周围测量环境，不在有坠落物的地方逗留
5	山区防火及防蛇虫伤害	林区严禁携带火种；从林区设置驱赶蛇虫装置（根据施工季节及环境具体确定）

4.8 作业分工

作业分工见表 A.8。

表 A.8 作 业 分 工

序号	作 业 内 容	人数	备 注
1	GPS 测点	1	携带流动站
2	记录、打桩	1	本子、笔、锤、木桩、钉子
3	全站仪测量	1	携带全站仪、脚架
4	辅助测量	1	携带花杆、棱镜头

5 作业程序

5.1 班前会

班前会见表 A.9。

表 A.9 班 前 会

序号	内 容	作业人员签字
1	班组长开工前进行“四交”（交安全、交质量、交任务、交环境保护要求），并且与员工互动	
2	作业前工器具材料清点检查	

5.2 作业内容及标准

作业内容及标准见表 A.10。

表 A.10 作 业 内 容 及 标 准

序号	作业步骤	作业工序及标准	安全措施注意事项	责任人签字
1	GPS 采点	启动手簿，建立测量工作文件夹，使用点测量菜单采集转角点 J1、J2、J3 桩位数据，确定无误后，定取方向桩桩位置（使用锤子将木桩钉到相应位置）。将花杆下部尖端位置对正木桩钉子	使用锤子时对面不得有人；锤子打木桩，持桩的手不得高于木桩顶部	

续表

序号	作业步骤	作业工序及标准	安全措施注意事项	责任人签字
2	GPS放线测量	使用参考线测量功能测取 J1～J2、J2～J3两个耐张段中两级耐张塔之间断面的各点的三维坐标，要求测量过程中，相邻采集点高差不超过 500mm，线路偏距应小于 50mm；点采集观测时，流动站花杆垂直对地，花杆自带水平仪的气泡始终处于中心，采集观测时限大于 10s。在测量过程中手工绘制线路简图	防止虫蛇伤害	
3	全站仪悬高测量	将全站仪脚架按照正确方法架设，高度应与胸口齐平，打开全站仪仪器箱，将仪器双手脱出，注意仪器不能磕碰，将仪器固定到脚架平台基面上，同时注意气泡应面向测量者，调节脚螺栓，观测电子水平仪，使仪器处于水平状态。测量辅助人员携带花杆、棱镜处于悬高点正下方。调整花杆使之垂直地面（水平泡处于中心位置），测量人员调整镜头，使镜头内十字线中心对准棱镜中心，启动悬高测量程序进行测量	注意观察环境，防止坠落物伤人	
4	数据处理	使用U盘等工具将手簿中测量的点数据导出，导出文件格式应为 TXT 格式文件，将TXT 格式数据文件导入设计程序进行处理，形成平断面图，分析测量结果是否符合要求，将满足要求的平断面图用于后期的排杆		

5.3 技术及质量关键点及控制

技术及质量关键点及控制见表 A.11。

表 A.11　　技术及质量关键点及控制

序号	内　　容	负责人员签字
1	测量人员应经培训合格后上岗。GPS、全站仪及量尺必须是检测合格品	
2	测量人员在操作过程中，应随时注意 GPS 的卫星信号、电台信号、蓝牙信号接收情况良好	
3	测量人员应注意全站仪在测量过程中需保持水平状态	

续表

序号	内　　容	负责人员签字
4	全站仪测量辅助人员保持棱镜花杆垂直大地	
5	GPS 测量人员应保证手簿花杆垂直大地	
6	保证 GPS 基站在重新架设后应保持在原基站位置	

5.4　实训后的收整

实训后的收整见表 A.12。

表 A.12　　实训后的收整

序号	内　　容	负责人员签字
1	清理工作现场杂物，做到“工完料尽场地清”	
2	测工必须做好数据记录	
3	做好仪器整理收箱，不得遗漏。放入指定位置	

附录B 室内选线、杆塔排位实训作业指导书

1 编制目的

通过标准化实训课程学习，学员学会使用道亨线路仿真软件，掌握室内选线、杆塔排位实训项目的相关操作要领，指导选线、排塔的整体流程。

2 编制依据

GB 50545—2010 《110kV～750kV架空送输电线路设计规范》

GB 50061—2010 《66kV及以下架空电力线路设计规范》

DL/T 5092—1999 《110～500kV架空送电线路设计技术规程》

DL/T 5451—2012 《架空输电线路工程初步设计内容深度规定》

Q/GDW 1799.2—2013《国家电网公司电力安全工作规程　线路部分》

国网（基建/3）178—2015 《国家电网公司基建新技术研究及应用管理办法》

国网（基建/3）183—2014 《国家电网公司输变电工程通用设计通用设备管理办法》

《国家电网公司关于印发国家电网公司标准化建设成果（通用设计、通用设备）应用目录（2014年版的通知）》

《国网基建部关于发布设计新技术推广应用实施目录（2014 年版第一批）的通知》

3 适用范围

本作业指导书适用于国网技术学院培训学员进行室内选线——图上选

线、排塔作业。

4 前期准备

4.1 项目组织

项目组织见表B.1。

表B.1 项 目 组 织

序号	内 容	责任人	备 注
1	项目总负责人：全面负责本次三维选线——图上选线、排塔作业		
2	技术负责人：负责本次三维选线——图上选线、排塔作业中的技术问题		
3	安全负责人：负责本次三维选线——图上选线、排塔所使用计算机安全、软件稳定运行		

4.2 作业条件

作业条件见表B.2。

表B.2 作 业 条 件

序号	内 容	标 准	责任人	备 注
1	必须在掌握选线和排塔的理论知识，熟悉计算机辅助设计软件道亨程序操作的基础上进行	GB 50545—2010《110kV～750kV 架空送输电线路设计规范》、GB 50061—2010《66kV及以下架空电力线路设计规范》、DL/T 5451—2012《架空输电线路工程初步设计内容深度规定》		
2	其他工作与作业同时进行	根据作业计划		

4.3 工作准备

工作准备见表B.3。

表 B.3　　工　作　准　备

序号	内　　容	标　　准	责任人	备　　注
1	向电网建设培训部提出工作申请，并得到许可	根据工作计划		
2	根据工作实际和相关资料等编制本标准化作业指导书	根据《现场标准化作业指导书编制导则》编制本指导书		
3	组织人员学习作业指导书，明确危险点及控制措施，明确人员分工	参加作业人员熟知自己在本次作业中的工作内容应采取的安全措施		

4.4　人员要求

人员要求见表 B.4。

表 B.4　　人　员　要　求

序号	内　　容	责任人	备　　注
1	作业人员经 Q/GDW 1799.2—2013《国家电网公司电力安全工作规程　线路部分》考试合格		
2	身体健康，精神状态良好		
3	具备线路电力理论知识		

4.5　工器具准备

工器具准备见表 B.5。

表 B.5　　工 器 具 准 备

序号	名　　称	型　　号	单位	数量	备　　注
1	学生电脑		台	60	
2	教师电脑		台	1	
3	服务器		台	1	
4	道亨软件		套	60	

续表

序号	名　　称	型　　号	单位	数量	备　　注
5	本子		本	1	每人
6	笔		支	1	每人

4.6 材料准备

材料准备见表B.6。

表B.6　　材 料 准 备

序号	名　　称	型　　号	单位	数量	备　　注
1	—				

4.7 危险点分析及防范措施

危险点分析及防范措施见表B.7。

表B.7　　危险点分析及防范措施

序号	危 险 点 分 析	防 范 措 施
1	室内空气污浊，导致不适	开启门窗，保证空气流通
2	水杯、饮品等	定制管理，将水杯、饮品放到指定位置
3	电脑安全	规范开关机，不能在实训室内打闹
4	网络安全	在实训室走动的时候，注意不能触碰网线
5	软件安全	软件应规范操作，不能随意删除安装程序

4.8 作业分工

作业分工见表B.8。

表B.8　　作 业 分 工

序号	作 业 内 容	人数	备　　注
1	—		

5 作业程序

5.1 班前会

班前会见表B.9。

表B.9 班 前 会

序号	内 容	作业人员签字
1	上课老师在开始实训前进行“四交”（交安全、交质量、交任务、交环境保护要求），并且与员工互动	
2	作业前检查电脑及软件是否正常运行	

5.2 作业内容及标准

作业内容及标准见表B.10。

表B.10 作业内容及标准

序号	作业步骤	作业工序及标准	安全措施注意事项	责任人签字
1	数据输入	在道亨软件的选线模块中使用地区定位法、坐标输入法、表单输入法添加、修改、删除始末桩位置，联系始末桩，连接航空线		
2	选线	根据转角柱选择原则添加删除、修改及优化转角桩位，进行选线方案综合比较		
3	成果输出	将选线结果导出，转至三维或二维平断面图中，并导出个点具体位置坐标		
4	排塔	进入两维平断面图排塔界面，利用设计向导进行导地线设置、塔串配合、气象参数设置、裕度设置，并编辑塔库参数进行摇摆角设置，利用累、删、修、升塔、降塔等功能进行杆塔排位和编辑		

续表

序号	作业步骤	作业工序及标准	安全措施注意事项	责任人签字
5	添加跨越物及风偏点	在平断面图上，画交叉跨越点、风偏点、风偏校验图		
6	电气校验	添加摇摆角进行全自动电气校验，对全自动校验出现的错误进行处理，直至无误为止		

5.3 技术及质量关键点及控制

技术及质量关键点及控制见表B.11。

表B.11 技术及质量关键点及控制

序号	内 容	负责人员签字
1	具备线路设计基础知识	
2	掌握操作计算机及其道亨软件	
3	选线使控制曲折系数，尽量优化选线方案	
4	排塔时应尽量选择经济高度塔型	

5.4 实训后的收整

实训后的收整见表B.12。

表B.12 实 训 后 的 收 整

序号	内 容	负责人员签字
1	每天实训结束后清理现场杂物，做到环境整洁卫生	
2	实训结束后及时关闭电脑，检查电路安全	

附录C　输电线路专业正方形基础分坑实训作业指导书

1　编制目的

通过本项目实训练习，学员应依据每基杆塔基础的型号（可由型号图查出基础的各部分尺寸），学会计算铁塔基坑坑口尺寸，并根据尺寸利用经纬仪等测量仪器确定坑口的准确位置。

2　编制依据

GB 50233—2014《110kV～750kV 架空输电线路施工及验收规范》

DL 5009.2—2013《电力建设安全工作规程　第 2 部分：电力线路》

DL/T 5168—2016《110kV～500kV 架空电力线路工程施工质量及评定规程》

Q/GDW 1799.2—2013《国家电网公司电力安全工作规程　线路部分》

3　适用范围

本作业指导书适用于正方形分坑测量实训项目。

4　作业前准备

4.1　作业条件

作业条件见表 C.1。

表 C.1　　　　作　业　条　件

序号	内　　容	标　　准	责任人
1	本项作业应在晴好的天气下进行，风	DL 5009.2—2013《电力建设	

续表

序号	内　　容	标　　准	责任人
1	力大于5级、雷、雨、雪、雾等恶劣天气时，严禁作业	安全工作规程　第2部分：电力线路》	
2	必须在线路复测工作完成以后进行	线路复测与设计相符	
3	其他工作与作业同时进行	根据作业计划	

4.2 人员要求

人员要求见表C.2。

表C.2　　人　员　要　求

序号	内　　容	责任人
1	身体健康，精神状态良好	
2	具备线路基础分坑方面的技能	
3	作业人员5人一组，经专业培训	

4.3 工器具准备

工器具准备见表C.3。

表C.3　　工 器 具 准 备

序号	工器具名称	规格	单位	数量	备　　注
1	经纬仪	DJ2	台	1	含脚架
2	皮尺	30m	把	1	
3	钢尺		把	1	30m
4	花杆	3m	根	4	
5	塔尺	5m	把	1	
6	分坑数据表		份	1	
7	计算器		台	1	带函数功能
8	记录本		本	1	含笔
9	尼龙线		捆	1	50m

4.4 材料准备

材料准备见表C.4。

表C.4 材 料 准 备

序号	材料名称	规格	单位	数量	备 注
1	粉笔		盒	1	
2	油漆（含毛笔）		桶	1	也可用红色白板笔替代

4.5 危险点分析

危险点分析见表C.5。

表C.5 危 险 点 分 析

序号	危险点分析	防 范 措 施
1	花杆伤人	使用花杆时下部尖端部位不得对人，防止花杆扎伤人

4.6 作业分工

作业分工见表C.6。

表C.6 作 业 分 工

序号	作 业 内 容	人数	备 注
1	前视（施工桩号大号侧）	1	携带花杆
2	后视（施工桩号小号侧）	1	携带花杆
3	经纬仪	3	携带尺、粉笔、油漆等

5 作业程序

5.1 班前会

班前会见表C.7。

表 C.7　　班　前　会

序号	内　　容	作业人员签字
1	组长开工前进行“四交”（交安全、交质量、交任务、交环境保护要求），并且与组员互动	
2	作业前工器具材料清点检查	

5.2 作业步骤

作业步骤见表 C.8。

表 C.8　　作　业　步　骤

序号	作业步骤	作业工序及标准	注意事项
1	前视、后视人员进入相应桩位	前视、后视各自找到相应的中心桩或方向桩，确定无误后将花杆下部尖端位置对正木桩钉子，双手把持花杆面向经纬仪方向直立。服从测量工对讲机中工作安排	花杆伤人
2	测量人员进入施工桩位	找到中心桩，核实无误后架设经纬仪于桩上，完成对中、整平操作。前后视后，分别于中心桩位前后设置出方向桩，如果桩位杂草、杂树等较多，应先用柴刀砍出木桩的相应位置以及与经纬仪的视线通道	花杆伤人
3	分坑测量	1. 经纬仪顺时针旋转 90°，在横线路方向画出第一个辅助桩，然后打倒镜，在横线路方向另一侧画出第二个辅助桩。 2. 分别计算出几个数据。如下图所示，包括已知基础全根开分别为 L，基础开挖边长为 a。根据三角函数可以计算出： $L_{OA}=\frac{\sqrt{2}}{2}(L-a)$ $L_{OC}=\frac{\sqrt{2}}{2}(L+a)$ 3. 顺时针旋转 45°，固定水平度盘进行右前基坑分坑。按分坑尺寸表中 OA、OC 数据定出 A、C 两点。再以 A、C 两点为基准，用 $2a$ 取中法定出另外两点（a 为基坑开挖边长）。分别画出木桩位置。 4. 使用倒镜，同样的方法把左后腿基坑分出来。	一般面向线路施工桩号大号侧分左右和前后

续表

序号	作业步骤	作业工序及标准	注意事项
3	分坑测量	5. 经纬仪镜头再次对准前视辅助桩，水平度盘归零，左旋转至 315°，同样方法进行左前基坑分坑； 6. 使用倒镜，同样的方法把右后腿基坑分出来。 正方形基础分坑示意图	一般面向线路施工桩号大号侧分左右和前后

6 实训后的收整

实训后的收整见表 C.9。

表 C.9 实训后的收整

序号	内　　容	注　意　事　项	
1	清理工具	清除现场多余的或者无用的工器具	
2	记录	做好基础分坑的数据记录	
3	清理现场	清理工作现场杂物，做到“工完料尽场地清”	
验收人		验收评价	
验收负责人		验收结论	

附录D 输电线路专业无位移转角塔分坑实训作业指导书

1 编制目的

通过本项目实训练习，学员应依据每基杆塔基础的型号（可由型号图查出基础的各部分尺寸），学会计算铁塔基坑坑口尺寸，并根据尺寸利用经纬仪等测量仪器确定坑口的准确位置。

2 编制依据

GB 50233—2014 《110kV～750kV 架空输电线路施工及验收规范》

DL 5009.2—2013 《电力建设安全工作规程 第2部分：架空电力线路》

DL/T 5168—2016 《110kV～500kV 架空电力线路工程施工质量及评定规程》

Q/GDW 1799.2—2013 《国家电网公司电力安全工作规程 线路部分》

3 适用范围

本作业指导书适用于无位移转角塔分坑测量实训项目。

4 作业前准备

4.1 作业条件

作业条件见表D.1。

表 D.1　　作业条件

序号	内容	标准	责任人
1	本项作业应在晴好的天气下进行，风力大于5级、雷、雨、雪、雾等恶劣天气时，严禁作业	DL 5009.2—2013《电力建设安全工作规程　第2部分：架空电力线路》	
2	必须在线路复测工作完成以后进行	线路复测与设计相符	
3	其他工作与作业同时进行	根据作业计划	

4.2　人员要求

人员要求见表 D.2。

表 D.2　　人员要求

序号	内容	责任人
1	身体健康，精神状态良好	
2	具备线路基础分坑方面的技能	
3	作业人员5人一组，经专业培训	

4.3　工器具准备

工器具准备见表 D.3。

表 D.3　　工器具准备

序号	工器具名称	规格	单位	数量	备注
1	经纬仪		台	1	含脚架
2	皮尺		把	1	30m
3	钢尺		把	1	30m
4	花杆		根	4	3m
5	塔尺		把	1	5m
6	分坑数据表		份	1	

续表

序号	工器具名称	规格	单位	数量	备　　注
7	计算器		台	1	带函数功能
8	记录本		本	1	含笔
9	尼龙线		捆	1	50m

4.4 材料准备

材料准备见表D.4。

表D.4　　材 料 准 备

序号	材料名称	规格	单位	数量	备　　注
1	粉笔		盒	1	
2	油漆（含毛笔）		桶	1	也可用红色白板笔替代

4.5 危险点分析

危险点分析见表D.5。

表D.5　　危 险 点 分 析

序号	危险点分析	防 范 措 施
1	花杆伤人	使用花杆时下部尖端部位不得对人，防止花杆扎伤人

4.6 作业分工

作业分工见表D.6。

表D.6　　作 业 分 工

序号	作 业 内 容	人数	备　　注
1	前视（施工桩号大号侧）	1	携带花杆
2	后视（施工桩号小号侧）	1	携带花杆
3	经纬仪	3	携带尺、粉笔、油漆等

5 作业程序

5.1 班前会

班前会见表D.7。

表D.7 班 前 会

序号	内 容	作业人员签字
1	组长开工前进行“四交”（交安全、交质量、交任务、交环境保护要求），并且与组员互动	
2	作业前工器具材料清点检查	

5.2 作业步骤

作业步骤见表D.8。

表D.8 作 业 步 骤

序号	作业步骤	作业工序及标准	注意事项
1	前视、后视人员进入相应桩位	前视、后视各自找到相应的中心桩或方向桩，确定无误后将花杆下部尖端位置对正木桩钉子，双手把持花杆面向经纬仪方向直立。服从测量工对讲机中工作安排	花杆伤人
2	测量人员进入施工桩位	找到中心桩，核实无误后架设经纬仪于桩上，完成对中、整平操作。前后视后，分别于中心桩位前后设置出方向桩，如果桩位杂草、杂树等较多，应先用柴刀砍出木桩的相应位置以及与经纬仪的视线通道	花杆伤人
3	分坑测量	1．经纬仪首先对准来线路方向，然后打倒镜在来线路方向的延长线上画出一个辅助桩。 2．经纬仪镜头对准来线路方向延长线上的辅助桩，水平度盘归零，然后转动水平度盘瞄准去线路方向的方向桩，测出转角值。 3．经纬仪镜头对准去线路方向并归零，顺时针转动水平度盘找到内角平分线方向，即转动（180°$-\theta$）/2，得到横线路方向，画出一个辅助桩，然后打倒镜，在另一侧打下横线路方向第二个辅助桩。	一般面向线路施工桩号大号侧分左右和前后

续表

序号	作业步骤	作业工序及标准	注意事项
3	分坑测量	4．镜头对准内角平分线辅助桩并归零，逆时针转动 90°，得到施工方向，画出施工方向桩。镜头打倒镜得到另一个方向桩 5．分别计算出几个数据。如下图所示，包括已知基础全根开分别为 L，基础开挖边长为 a。根据三角函数可以计算出： $L_{OA}=\frac{\sqrt{2}}{2}(L-a)$ $L_{OC}=\frac{\sqrt{2}}{2}(L+a)$ 6．镜头对准施工方向桩，水平度盘归零，顺时针旋转 45°，固定水平度盘进行右前基坑分坑。按分坑尺寸表中 OA、OC 数据定出 A、C 两点。再以 A、C 两点为基准，用 $2a$ 取中法定出另外两点（a 为基坑开挖边长）。分别画出木桩位置。 7．使用倒镜，同样的方法把左后腿基坑分出来。 8．经纬仪镜头再次对准施工方向桩，水平度盘归零，左旋转至 315°，同样方法进行左前基坑分坑。 9．使用倒镜，同样的方法把右后腿基坑分出来。 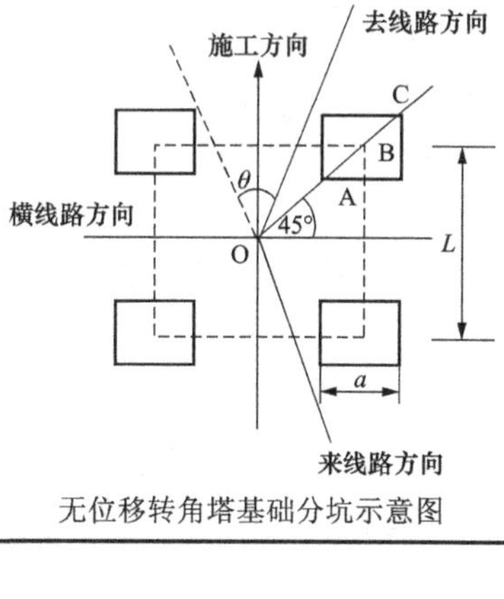 无位移转角塔基础分坑示意图	一般面向线路施工桩号大号侧分左右和前后

6 实训后的收整

实训后的收整见表 D.9。

表 D.9　　实训后的收整

序号	内　　容		注　意　事　项	
1	清理工具		清除现场多余的或者无用的工器具	
2	记录		做好基础分坑的数据记录	
3	清理现场		清理工作现场杂物，做到工完料尽场地清	
验收人			验收评价	
验收负责人			验收结论	

附录E 输电线路专业交叉跨越距离测量实训作业指导书

1 编制目的

通过本项目实训练习，学员应利用经纬仪正确掌握测量视距和竖直角的方法，并依据观测的数据，学会计算交叉跨越距离。

2 编制依据

GB 50233—2014 《110kV～750kV架空输电线路施工及验收规范》
DL/T 741—2010 《架空输电线路运行规程》
Q/GDW 179—2008 《110～750kV架空输电线路设计规定》
Q/GDW 1799.2—2013《国家电网公司电力安全工作规程 线路部分》

3 适用范围

适用于国网技术学院输电线路使用经纬仪测量交叉跨越作业。

4 作业前准备

4.1 实训准备

实训准备见表E.1。

表E.1 实 训 准 备

序号	内 容	标 准	责任人	备注
1	接受工作任务，了解现场情况	任务明确，现场清楚		
2	准备测量仪器及工具	测量仪器必须经检验合格		

续表

序号	内　　容	标　　准	责任人	备注
3	查阅线路资料，准备导地线放线应力曲线表			
4	确认现场气象条件	是否符合安规规定		
5	组织现场作业人员学习作业指导书	掌握整个操作程序，理解工作任务及操作中的危险点及控制措施		

4.2 人员要求

人员要求见表E.2。

表E.2　人员要求

序号	内　　容	责任人	备注
1	身体健康、精神状态良好		
2	具备必要的电气知识，有一定现场工作经验，熟悉线路测量规范		
3	测量人员应熟练掌握经纬仪使用方法及线路测量技术		
4	具备必要的安全生产知识，学会紧急救护法，特别是触电急救		
5	进入作业现场应正确着装		

4.3 工器具准备

工器具准备见表E.3。

表E.3　工器具准备

序号	名　　称	规格及型号	单位	数量	备　　注
1	经纬仪	J2	台	1	
2	三脚架	与仪器配套	副	1	
3	塔尺	5m	根	若干	
4	温度计	气温计	支	1	

4.4 材料准备

材料准备见表 E.4。

表 E.4 材 料 准 备

序号	名　　称	型号/规格	单位	数量	备　　注
1	记录本	线路存档专用	本	1	
2	钢笔	黑色	支	1	

4.5 危险点分析

危险点分析见表 E.5。

表 E.5 危 险 点 分 析

序号	工作危险点	控 制 措 施
1	放电	立塔尺前要认真观察导线对地距离，塔尺抽出长度不得超高，严格保持与带电导线 4.0m 以上安全距离
2	触电	人员携带工器具行走时，塔尺及三脚架要平拿，防止触及上方带电线路
3	仪器损坏	仪器要由专人保管和使用，其他人员不得随意调动仪器

4.6 安全措施

安全措施见表 E.6。

表 E.6 安 全 措 施

序号	内　　容
1	测量过程中，人员不得登杆操作
2	背仪器过沟及土坑时，不得跳跃，防止仪器受损
3	在带电线下立塔尺要设专人监护，严格保持与带电导线 5m 以上安全距离
4	塔尺在线路附近转位过程中不得直立行走，要收回上部尺段放平转移
5	在有风情况下塔尺不得超高，且不得立于导线上风侧
6	在铁路、公路边作业时，必须保证距铁轨边沿 3.0m、距公路边线 1.0m 以上安全距离

4.7 作业分工

作业分工见表 E.7。

表 E.7 作　业　分　工

序号	作　业　内　容	分组负责人	作业人员
1	仪器操作人员 1 名		
2	立塔尺人员 1 名		
3	记录人员 1 名		
4	工作负责人（监护人）1 名		

5 作业程序

5.1 班前会

班前会见表 E.8。

表 E.8 班　前　会

序号	内　　容	作业人员签字
1	到达工作现场，工作负责人根据现场情况指定各工作点位置，交待安全注意事项	
2	工作负责人全面检查无遗漏后通知开始工作	

5.2 作业内容及标准

作业内容及标准见表 E.9。

表 E.9 作业内容及标准

序号	项目	工作步骤及标准	安全措施注意事项	责任人签字
1	架设仪器	1．在指定地点放置仪器，要求仪器距离测点大于 2 倍线高，保证垂直角不大于 30°。 2．基座初步整平。 3．照准部精确整平。 4．钢卷尺测量仪器高度	仪器不得架设在交通道路上，在水泥路面架仪器要防止三脚架滑倒	

续表

序号	项目	工作步骤及标准	安全措施注意事项	责任人签字
2	立塔尺	1．人员到达交叉点处。 2．观察导线高度。 3．在工作负责人的监护下抽出塔尺，将塔尺精确立在被测导线与跨越物的交叉点正下方，尺面朝仪器方向	塔尺不得抽出过高，必须保证与带电导线4.0m以上安全距离，必要时采用其他措施进行测量	
3	观测数据	1．瞄准塔尺，测量距离及垂直角。 2．固定照准部，上下转动望远镜，中丝切准导线，测量垂直角。 3．中丝切准跨越物，测量垂直角。 4．记录温度计读数	在交通路边观测时要设醒目标志，注意过往车辆，防止人员撞伤	
4	计算交叉跨越距离	计算观测交叉跨越距离		
5	换算到最高气温下交叉跨越距离	1．查放线曲线，计算观测气温下导线应力，以及跨越点的弧垂值。 2．计算最高气温下，跨越点的弧垂值。 3．修正数据，计算最高气温下交叉跨越距离		

5.3 实训后的收整

实训后的收整见表E.10。

表E.10 实 训 后 的 收 整

序号	内 容	负责人员签字
1	测量工作结束，仪器装箱，塔尺收好	
2	工作负责人检查无遗留物品后，人员撤离工作现场	
3	工器具入库，填写记录	

附录F 220kV直线猫头塔地面组装作业指导书

1 编制目的

通过本项目实训练习，学员地面组立铁塔施工过程，掌握组装流程、工艺标准化要求及质量验收规范。

2 编制依据

GB 50233—2014 《110～500kV架空送电线路施工及验收规范》

DL 5009.2—2013 《电力建设安全工作规程 第2部分：电力线路》

DL/T 5168—2016 《110kV～500kV架空电力线路工程施工质量及评定规程》

Q/GDW 1799.2—2013《国家电网公司电力安全工作规程 线路部分》

3 适用范围

本作业指导书适用于220kV直线猫头塔地面组装实训项目。

4 作业准备

4.1 工器具准备

工器具准备见表F.1。

表F.1 工器具准备

序号	工器具名称	规格	单位	数量	备注
1	活扳手	15	把	50	
2	尖扳手	M16	把	50	

续表

序号	工器具名称	规格	单位	数量	备　　注
3	活扳手	M16	把	50	
4	撬棍	1.5	根	25	
5	枕木	200×200	根	100	
6	螺栓存放箱	3-150	个	10	

4.2 材料准备

材料准备见表 F.2。

表 F.2　　材 料 准 备

序号	材料名称	规格	单位	数量	备　　注
1	塔材	220kV 猫头塔塔材	套	1	
2	螺栓	220kV 猫头塔配套螺栓	套	1	

4.3 铁塔组装实训组织

铁塔组装实训组织见表 F.3。

表 F.3　　铁塔组装实训组织

序号	内　　容		注 意 事 项
1	实训组织	施工依据	施工依据必须齐全（施工图、施工手册、验收规范等）
2		现场检查	对运至现场的塔材及零部件的规格、眼孔尺寸、位置、镀锌、损伤、变形等情况认真检查，超标部件不得使用
3		人员分组	根据学员的具体情况认真搭配学员，每组 10 人，共 5 组，每组指定一位学员为负责人
4		任务分配	根据图纸及任务量，将铁塔的组立任务分为 5 个分任务
5		任务实施	根据图纸挑选塔材、螺栓，并进行组装
6		考核	按考核标准对每组组装结果进行考核

5 作业程序

5.1 作业过程

作业过程见表F.4。

表F.4 作业过程

序号	内容		注意事项
1	人员组织协调	组负责人负责组织本组的组装协调，包括安全监护，人员分工、工具分配等	应根据学员的个人情况安排力所能及的任务
2	识图	全组讨论学习，并能完全理解图纸，列出本组任务的材料清单	螺栓统计应准确
3	拆塔	按照图纸找到从组装好的塔片中找到本组将要用到的部分，并拆下相应塔材和螺栓，并按清单核对	塔材摆放整齐；防止伤手伤脚
4	组装	按图纸要求组装塔片	防止伤手伤脚；严格按图纸要求组装；不得遗漏垫片；在枕木上组装，不得在地面直接组装
5	自检	对组装好的塔片按图纸及验收规程自检	自检过程应仔细认真，注意塔材的正反及防止遗漏部件

5.2 质量验收

质量验收见表F.5。

表F.5 质量验收

序号	项目	内容	备注
1	螺栓穿入方向	对立体结构，水平方向由内向外；垂直方向由下向上；斜向者宜由斜下向斜上穿，不便时应在同一斜面内取统一方向。对平面结构，顺线路方向，按线路方向穿入或按统一方向穿入；横线路方向，两侧由内向外，中间由左向右（按线路方向）或按统一方向穿入；垂直地面方向者由下向上；斜向者宜由斜下向斜上穿，不便时应在同一斜面内取统一方向。个别螺栓不易安装时，穿入方向允许变更处理。	

续表

<table>
<tr><th>序号</th><th>项目</th><th>内　　容</th><th>备注</th></tr>
<tr><td>1</td><td>螺栓穿入方向</td><td>脚钉位置按图施工或根据运行单位要求安装</td><td></td></tr>
<tr><td>2</td><td>角钢弯曲度</td><td>对运至个别铁塔角钢弯曲度超过长度的 2‰，但未超过下表的变形限度时，可采用冷矫正法矫正。矫正后不得出现镀锌脱落和裂纹
角钢亮度对应的变形限度
<table>
<tr><th>角钢宽度（mm）</th><th>变形限度（‰）</th><th>角钢宽度（mm）</th><th>变形限度（‰）</th></tr>
<tr><td>40</td><td>35</td><td>90</td><td>15</td></tr>
<tr><td>45</td><td>31</td><td>100</td><td>14</td></tr>
<tr><td>50</td><td>28</td><td>110</td><td>12.7</td></tr>
<tr><td>56</td><td>25</td><td>125</td><td>11</td></tr>
<tr><td>63</td><td>22</td><td>140</td><td>10</td></tr>
<tr><td>70</td><td>20</td><td>160</td><td>9</td></tr>
<tr><td>75</td><td>19</td><td>180</td><td>8</td></tr>
<tr><td>80</td><td>17</td><td>200</td><td>7</td></tr>
</table></td><td></td></tr>
<tr><td>3</td><td>螺栓紧固</td><td>1．螺杆应与构件面垂直，螺栓头平面与构件间不得有空隙。
2．螺母拧紧后，螺杆露出螺母长度，单帽不少于两个螺距，双帽螺栓可以与螺栓端部平行。
3．铁塔交叉铁交叉处或其他要求加装垫片处，必须按规定加装。
4．因螺杆无丝部分超长需加垫片者，每端不宜超过两个垫片。
5．螺栓的防卸、防松应符合设计要求。
6．严格按规定要求使用各种规格、强度的螺栓，不得任意代用。
7．杆塔连接螺栓在组立结束后必须全部紧固一遍，检查扭矩合格后方准进行架线。架线后，螺栓还应复紧一遍。复紧后应随即在塔顶部至下横担以下 2m 之间及基础顶面以上 3m 范围内的全部单螺母螺栓的外露螺纹上涂以灰漆，以防螺母松动。使用防卸、防松螺栓时不再涂漆。
8．杆塔连接螺栓应逐个紧固，4.8 级螺栓的扭紧力矩不应小于下表的规定。4.8 级以上的螺栓扭矩标准值由设计规定，若设计无规定时，宜按 4.8 级螺栓的扭紧力矩执行。
9．螺杆与螺母的螺纹有滑牙或螺母的棱角磨损以致扳手打滑的螺栓必须更换</td><td></td></tr>
</table>

续表

<table>
<tr><th>序号</th><th>项目</th><th>内容</th><th>备注</th></tr>
<tr><td>3</td><td>螺栓紧固</td><td>螺栓规格与扭矩值
<table><tr><th>螺栓规格</th><th>扭矩值（N·m）</th></tr><tr><td>M16</td><td>80</td></tr><tr><td>M20</td><td>100</td></tr><tr><td>M24</td><td>250</td></tr></table></td><td></td></tr>
<tr><td>4</td><td>整理</td><td>整理工具、并清点数量，回收废旧材料、践行“三节约”，实现安全文明生产</td><td></td></tr>
<tr><td>5</td><td>培训评价</td><td colspan="2">根据评分标准对每组学员做出评价</td></tr>
<tr><td>6</td><td>培训总结</td><td colspan="2">对整个培训过程进行总结</td></tr>
</table>

5.3 考核

考核见表F.6。

表F.6　　考　　核

序号	项　　目	内　　容
1	培训评价	根据评分标准对每组学员做出评价
2	培训总结	对整个培训过程进行总结

附录G 输电线路登塔走线实训作业指导书

1 编制目的

通过本项目实训练习，学员能独立完成登塔走线作业。

2 编制依据

GB 50233—2014 《110kV～750kV 架空输电线路施工及验收规范》

DL 5009.2—2013 《电力建设安全工作规程 第2部分：电力线路》

DL/T 5168—2016 《110kV～500kV 架空电力线路工程施工质量及评定规程》

Q/GDW 1799.2—2013 《国家电网公司电力安全工作规程 线路部分》

3 适用范围

本作业指导书适用于输电线路登塔走线实训正方形分坑测量实训项目。

4 作业前准备

4.1 作业条件

作业条件见表G.1。

表G.1 作业条件

序号	内容	标准	责任人
1	本项作业应在晴好的天气下进行，风力大于5级、雷、雨、雪、雾等恶劣天气时，严禁作业	DL 5009.2—2013《电力建设安全工作规程 第2部分：电力线路》	

续表

序号	内　　容	标　　准	责任人
2	组织人员学习作业指导书，明确危险点及控制措施，明确人员分工，作业人员准备工器具、材料	参加作业人员熟知自己在本次作业中的工作内容、工艺标准和应采取的安全措施。工器具试验合格并满足本次作业的要求，间隔棒及附件齐全完整	
3	填写工作票	根据作业计划	

4.2　人员要求

人员要求见表G.2。

表G.2　　　　人　员　要　求

序号	内　　容	责任人
1	身体健康，精神状态良好	
2	作业人员经Q/GDW 1799.2—2013《国家电网公司电力安全工作规程　线路部分》考试合格	

4.3　工器具准备

工器具准备见表G.3。

表G.3　　　　工 器 具 准 备

序号	工器具名称	规格	单位	数量	备　　注
1	安全帽		顶	1	
2	安全带		套	1	
3	后备保护绳		套	1	
4	防坠器		套	4	

4.4　危险点分析

危险点分析见表G.4。

表G.4　危险点分析

序号	危险点分析	防范措施
1	高处坠落	攀登杆塔时由于脚钉松动或没有抓稳踏牢；安全带没有系在牢固构件上或系安全带后扣环没有扣好；杆塔上作业转位时失去安全带保护等情况可能发生高处坠落
2	物体打击	高空作业可能落物打击地面作业人员和路过的行人
3	作业人员回塔困难	不具备往返走线能力或体力不能满足本次作业可能发生出线或回塔困难

4.5 作业分工

作业分工见表G.5。

表G.5　作业分工

序号	作业内容	人数	备注
1	登塔	1	
2	走线	1	

5 作业程序

5.1 班前会

班前会见表G.6。

表G.6　班前会

序号	内容	作业人员签字
1	履行开工手续	
2	工作负责人宣读工作票、危险点、安全措施及任务分工并提问工作班成员，工作班成员签字	
3	作业前工器具材料清点检查	

5.2 作业步骤

作业步骤见表G.7。

表 G.7　　作 业 步 骤

序号	作业步骤	作业工序及标准	注意事项
1	登塔	1．依照工作票检查线路名称和编号，现场工作条件，铁塔基础、塔身、脚钉、防坠轨道的完整情况。 2．正确检查安全工器具，并穿戴整齐，安全带需进行冲击试验。 3．汇报工作负责人后进行登塔作业。 4．登塔时注意脚钉是否齐全牢固可靠，避免踩空失稳，登塔过程中需手扶主材，匀速登塔。 5．塔上移位时，必须保证有至少一道保护，在下一个保护可靠连接前，不允许断开上一个保护。 6．防止塔上作业人员高处坠物，塔下及作业点正下方禁止人员接近或停留。 7．塔上移位时需要抓牢踩稳，安全带需系在合适位置的牢固构件上	高处坠落、高处落物伤人
2	走线	1．出线前需要对导线进行冲击试验。 2．可以采用正爬、倒爬、侧爬方式出线，出线时脚不能踏空，双手抓紧绝缘子，全程不得失去保护。 3．走线时两只脚应踩在同一条导线上，为了保持平稳，可以采取骑导线方式走线	高处坠落、高处落物伤人
3	下塔整理	1．得到工作负责人的许可后，安全下塔。 2．清理现场：清点工器具等，清洁地面	

6　实训后的收整

实训后的收整见表 G.8。

表 G.8　　实 训 后 的 收 整

序号	内　容	注 意 事 项	
1	清理	清理工作现场	
2	终结	经检查无问题后向工作负责人汇报	
3	清理现场	清理工作现场杂物	
验收人		验收评价	
验收负责人		验收结论	

附录H 输电线路附件安装实训作业指导书

1 编制目的

通过本项目实训练习，学员能够依照作业标准和相关规范独立完成停电更换500kV导线防震锤作业。

2 编制依据

GB 50233—2014 《110kV～750kV架空输电线路施工及验收规范》

DL 5009.2—2013 《电力建设安全工作规程 第2部分：电力线路》

DL/T 5168—2016 《110kV～500kV架空电力线路工程施工质量及评定规程》

Q/GDW 1799.2—2013 《国家电网公司电力安全工作规程 线路部分》

3 适用范围

本作业指导书适用于停电更换500kV导线防震锤作业实训。

4 作业前准备

4.1 作业条件

作业条件见表H.1。

表H.1 作 业 条 件

序号	内 容	标 准	责任人
1	本项作业应在晴好的天气下进行，风力大于5级、雷、雨、雪、雾等恶劣天气时，严禁作业	DL 5009.2—2013《电力建设安全工作规程 第2部分：电力线路》	

续表

序号	内　　容	标　　准	责任人
2	组织人员学习作业指导书，明确危险点及控制措施，明确人员分工，作业人员准备工器具、材料	参加作业人员熟知自己在本次作业中的工作内容、工艺标准和应采取的安全措施。工器具试验合格并满足本次作业的要求，防震锤及附件齐全完整	
3	填写工作票	根据作业计划	

4.2　人员要求

人员要求见表 H.2。

表 H.2　　**人　员　要　求**

序号	内　　容	责任人
1	身体健康，精神状态良好	
2	作业人员经 Q/GDW 1799.2—2013《国家电网公司电力安全工作规程　线路部分》考试合格	
3	具备 500kV 线路更换防震锤的技能	

4.3　工器具准备

工器具准备见表 H.3。

表 H.3　　**工 器 具 准 备**

序号	工器具名称	规格	单位	数量	备　　注
1	验电器	500kV 专用	支	2	
2	接地线		组	2	
3	安全带		条	2	
4	滑车		只	2	
5	绝缘手套		付	2	
6	传递绳	ϕ12×40m	根	1	
7	扳手		个	1	

4.4 材料准备

材料准备见表 H.4。

表 H.4　　材 料 准 备

序号	材料名称	规格	单位	数量	备　注
1	防震锤	FD-3	个	1	

4.5 危险点分析

危险点分析见表 H.5。

表 H.5　　危 险 点 分 析

序号	危险点	危 险 点 分 析
1	高处坠落	攀登杆塔时由于脚钉松动或没有抓稳踏牢；安全带没有系在牢固构件上或系安全带后扣环没有扣好；杆塔上作业转位时失去安全带保护等情况可能发生高处坠落
2	物体打击	高空作业可能落物打击地面作业人员和路过的行人
3	作业人员回塔困难	不具备往返走线能力或体力不能满足本次作业可能发生出线或回塔困难

4.6 作业分工

作业分工见表 H.6。

表 H.6　　作 业 分 工

序号	作 业 内 容	人数	备　注
1	验电、挂接地线、拆除接地线	1	
2	更换防震锤	1	

5 作业程序

5.1 班前会

班前会见表 H.7。

表 H.7　　班　前　会

序号	内　　容	作业人员签字
1	履行开工手续	
2	工作负责人宣读工作票、危险点、安全措施及任务分工并提问工作班成员，工作班成员签字	
3	作业前工器具材料清点检查	

5.2　作业步骤

作业步骤见表 H.8。

表 H.8　　作　业　步　骤

序号	作业步骤	作业工序及标准	注　意　事　项
1	验电挂接地线	1．验电操作人员在监护人的监护下，带传递绳沿脚钉登塔到横担，将安全带系在铁塔的牢固构件上，再将传递绳系在铁塔的适当位置。 2．将验电杆和地线传至塔上，逐相验电并挂牢接地线（声光验电器在使用前必须经检验合格）。 3．携带传递绳沿脚钉下塔，报告工作负责人验电确无电压、挂接地线完毕	1．核对线路名称、杆塔号、色标无误方可登塔。 2．攀登杆塔注意稳上稳下。 3．高空作业人员带传递绳移位时地面人员应精力集中注意配合
2	更换防震锤	将滑车移动到合适位置，拆除旧防振锤和旧铝包带，原位安装新铝包带和新防振锤	1．拆除旧防振锤后必须拆除旧铝包带，且新防振锤应原位安装。 2．铝包带缠绕方向与导线外层铝股的绞制方向一致，露出夹口不超过 10mm，其端头应回头一圈并压入夹具内。 3．拆除和安装防振锤过程中，防止工具、材料掉落。 4．工器具、材料应绑扎牢固，传递过程中防止掉落或与塔身磕碰
3	拆除接地线	1．工作负责人检查横担上及作业点有无遗漏的工具、材料，确无问题后下令拆除接地线。 2．拆接地线的顺序与挂接地线的顺序相反。	1．攀登杆塔注意稳上稳下。 2．高空作业人员带传递绳移位时地面人员应精力集中注意配合。

续表

序号	作业步骤	作业工序及标准	注 意 事 项
3	拆除接地线	3．接地线拆除后塔上人员检查塔上有无遗漏的工具和材料，无问题后带传递绳沿脚钉下塔至地面向工作负责人汇报	3．接地线、工具、更换下的防震锤及附件齐全与作业前数量编号相符

6 实训后的收整

实训后的收整见表H.9。

表H.9 实 训 后 的 收 整

序号	内 容		注 意 事 项	
1	清理		清理工作现场	
2	终结		经检查无问题后向工作负责人汇报	
3	清理现场		清理工作现场杂物	
验收人			验收评价	
验收负责人			验收结论	

附录I 绝缘子组装实训作业指导书

1 编制目的

通过本项目实训练习，学员应依据图纸，完成金具及绝缘子组装工作。

2 编制依据

GB 50233—2014 《110kV～750kV 架空输电线路施工及验收规范》

DL 5009.2—2013 《电力建设安全工作规程 第2部分：电力线路》

DL/T 5168—2016 《110kV～500kV 架空电力线路工程施工质量及评定规程》

Q/GDW 1799.2—2013 《国家电网公司电力安全工作规程 线路部分》

3 适用范围

本作业指导书适用于绝缘子组装实训项目。

4 作业前准备

4.1 作业条件

作业条件见表I.1。

表I.1 作 业 条 件

序号	内　　容	标　　准	责任人
1	本项作业应在晴好的天气下进行，风力大于5级、雷、雨、雪、雾等恶劣天气时，严禁作业	DL 5009.2—2013《电力建设安全工作规程 第2部分：电力线路》	

4.2 人员要求

人员要求见表 I.2。

表 I.2 人 员 要 求

序号	内 容	责任人
1	身体健康，精神状态良好	
2	具备必要的电气知识和业务技能，熟悉安规相关部分，并经考试合格	
3	作业人员 5 人一组，经专业培训	

4.3 工器具准备

工器具准备见表 I.3。

表 I.3 工 器 具 准 备

序号	工器具名称	规格	单位	数量	备 注
1	取销钳		把	1	30m
2	扳手	12 寸	把	1	30m
3	安全围栏		套	1	

4.4 材料准备

材料准备见表 I.4。

表 I.4 材 料 准 备

序号	材料名称	规格	单位	数量	备 注
1	手套		副	若干	
2	毡布		块	1	
3	弹簧销		个	若干	
4	绝缘子	XP-70	片	16	
5	抹布		块	1	
6	U 形挂环	U-10	个	2	
7	延长环	PH-10	个	1	

续表

序号	材料名称	规格	单位	数量	备　注
8	联板	L-1040	个	2	
9	直角挂板	Z-7	个	2	
10	碗头挂板	QP-7	个	2	
11	球头挂环	WS-7	个	2	
12	螺栓型线夹	NLD-4	个	1	

4.5 危险点分析

危险点分析见表 I.5。

表 I.5　　危 险 点 分 析

序号	危险点分析	防　范　措　施
1	绝缘子破损	绝缘子轻拿轻放，避免绝缘子与其他绝缘子或金具发生较大撞击
2	落物伤人	手拿金具或绝缘子时应抓牢
3	伤手	绝缘子拆装弹簧销时要使用工具，不应出手去拆装

5 作业程序

5.1 班前会

班前会见表 I.6。

表 I.6　　班　前　会

序号	内　　容	作业人员签字
1	工作负责人确认工作内容，交代工作任务、安全措施、危险点	
2	作业前工器具材料清点检查	

5.2 作业步骤

作业步骤见表 I.7。

表 I.7　　作 业 步 骤

序号	作业步骤	作业工序及标准	注 意 事 项
1	金具识别	根据图纸进行金具及绝缘子选型，正确选取金具和绝缘子，将选取好的材料搬运至组装地点	手拿金具时应抓稳，防止落物伤人
2	组装前准备	1. 将金具、绝缘子、工具摆放到工作区。 2. 检查金具螺栓、销针是否存在不配套或缺损等现象。 3. 检查绝缘子及金具是否合格	1. 绝缘子和金具应轻拿轻放，组装时避免撞击。 2. 绝缘子拆装弹簧销能使用工具，不应出手去拆装
3	组装	1. 根据图纸进行组装。 2. 熟练掌握三种连接方式：环-环、板-板、球-窝。 3. 连接后金具螺栓、销子应到位，销子到位后呈 60°～90°对称开口。 4. 金具螺栓穿向应统一，复合规程要求：耐张串上的弹簧销子，使用 W 型弹簧销子时，绝缘子大口均应向上，使用 R 型弹簧销子时，绝缘子大口均向下；螺栓及穿钉均由上向下穿，特殊情况可由内向外，由左向右转入	

6 实训后的收整

实训后的收整见表 I.8。

表 I.8　　实 训 后 的 收 整

序号	内　　容	注 意 事 项	
1	清理工具	金具拆解并整体回备品架	
2	清理现场	清理工作现场杂物，做到工完料尽场地清	
验收人		验收评价	
验收负责人		验收结论	

附录J 输电线路停电检修实训作业指导书

1 编制目的

通过本项目实训练习，学员能够依照作业标准和相关规范独立完成停电更换500kV导线间隔棒作业。

2 编制依据

GB 50233—2014 《110kV～750kV架空输电线路施工及验收规范》

DL 5009.2—2013 《电力建设安全工作规程 第2部分：电力线路》

DL/T 5168—2016 《110kV～500kV架空电力线路工程施工质量及评定规程》

Q/GDW 1799.2—2013 《国家电网公司电力安全工作规程 线路部分》

3 适用范围

本作业指导书适用于停电更换500kV导线间隔棒作业实训。

4 作业前准备

4.1 作业条件

作业条件见表J.1。

表J.1 作业条件

序号	内容	标准	责任人
1	本项作业应在晴好的天气下进行，风力大于5级、雷、雨、雪、雾等恶劣天气时，严禁作业	DL 5009.2—2013《电力建设安全工作规程 第2部分：电力线路》	

续表

序号	内　　容	标　　准	责任人
2	组织人员学习作业指导书，明确危险点及控制措施，明确人员分工，作业人员准备工器具、材料	参加作业人员熟知自己在本次作业中的工作内容、工艺标准和应采取的安全措施。工器具试验合格并满足本次作业的要求，间隔棒及附件齐全完整	
3	填写工作票	根据作业计划	

4.2 人员要求

人员要求见表 J.2。

表 J.2　　人 员 要 求

序号	内　　容	责任人
1	身体健康，精神状态良好	
2	作业人员经 Q/GDW 1799.2—2013《国家电网公司电力安全工作规程　线路部分》考试合格	
3	具备 500kV 线路更换间隔棒检修的技能	

4.3 工器具准备

工器具准备见表 J.3。

表 J.3　　工 器 具 准 备

序号	工器具名称	规格	单位	数量	备　　注
1	验电器	500kV 专用	支	2	
2	接地线		组	2	
3	安全带		条	2	
4	双保险安全带		条	1	
5	绝缘手套		付	2	
6	传递绳	$\phi 12\times 40$m	根	1	
7	传递绳	$\phi 12\times 45$m	根	1	
8	间隔棒线夹工具		个	1	专用工具

4.4 材料准备

材料准备见表J.4。

表J.4 材 料 准 备

序号	材料名称	规格	单位	数量	备　　注
1	间隔棒	JZX4－45300	个	1	

4.5 危险点分析

危险点分析见表J.5。

表J.5 危 险 点 分 析

序号	危险点	危 险 点 分 析
1	高处坠落	攀登杆塔时由于脚钉松动或没有抓稳踏牢；安全带没有系在牢固构件上或系安全带后扣环没有扣好；杆塔上作业转位时失去安全带保护等情况可能发生高处坠落
2	物体打击	高空作业可能落物打击地面作业人员和路过的行人
3	作业人员回塔困难	不具备往返走线能力或体力不能满足本次作业可能发生出线或回塔困难

4.6 作业分工

作业分工见表J.6。

表J.6 作 业 分 工

序号	作 业 内 容	人数	备　　注
1	验电、挂接地线、拆除接地线	1	
2	更换线前第一个间隔棒	1	

5 作业程序

5.1 班前会

班前会见表J.7。

表 J.7　　班　前　会

序号	内　　容	作业人员签字
1	履行开工手续	
2	工作负责人宣读工作票、危险点、安全措施及任务分工并提问工作班成员，工作班成员签字	
3	作业前工器具材料清点检查	

5.2 作业步骤

作业步骤见表 J.8。

表 J.8　　作　业　步　骤

序号	作业步骤	作业工序及标准	注　意　事　项
1	验电挂接地线	1. 验电操作人员在监护人的监护下，带传递绳沿脚钉登塔到横担，将安全带系在铁塔的牢固构件上，再将传递绳系在铁塔的适当位置。 2. 将验电杆和地线传至塔上，逐相验电并挂牢接地线;（声光验电器在使用前必须经检验合格）。 3. 携带传递绳沿脚钉下塔，报告工作负责人验电确无电压、挂接地线完毕	1. 核对线路名称、杆塔号、色标无误方可登塔。 2. 攀登杆塔注意稳上稳下。 3. 高空作业人员带传递绳移位时地面人员应精力集中注意配合
2	更换间隔棒	1. 安全措施做好后，更换间隔棒操作人员在工作监护人的指令下带传递绳沿脚钉上塔到左线的横但上方，将双保险安全带的保险尾绳系在横担的主材上。 2. 更换间隔棒操作人员背传递绳沿绝缘子串下到导线上，将安全带系在导线上解开保险绳走线至前侧（大号侧）第 1 个间隔棒处，将传递绳挂在右上子导线上。 3. 地面人员将配齐附件的间隔棒用传递绳传到作业点。 4. 更换间隔棒操作人员从传递绳上取下新间隔棒，拔下新间隔棒左上子导线线侧的销针打开线夹，夹在靠原有间隔棒 100mm 处的导线上，使用专用工具收紧线夹，穿入销钉给好销针。按此方法依次安装好间隔棒其他子导线线夹。 5. 新间隔棒安装完后拆除旧间隔棒，操作程序与安装程序相反。	1. 攀登杆塔注意稳上稳下。 2. 安全带保险绳要系在铁塔的牢固构件上。 3. 转移位置时，不得失去安全带的保护。 4. 在工作中使用的工具、材料必须用绳索传递，不得抛扔。 5. 高空作业人员带传递绳移位时地面人员应精力集中注意配合

续表

序号	作业步骤	作业工序及标准	注意事项
2	更换间隔棒	6.更换间隔棒操作人员将拆下的间隔棒附件配齐并用传递绳传到地面。更换间隔棒操作人员检查新换的间隔棒及附件安装是否符合要求（销钉的穿入方向与旧间隔棒的穿入方向一致，弹性闭口销垂直穿者一律由上向下，不得用线材代替闭口销，间隔棒结构面应与导线垂直）。 7.更换间隔棒操作人员取下并带传递绳走线至绝缘子串，系上保险绳后解开安全带，沿绝缘子串上到横担上。 8.更换间隔棒操作人员在监护人的指令和监护下，解开安全带和保险绳，带传递绳沿脚钉下塔至地面	1. 攀登杆塔注意稳上稳下。 2. 安全带保险绳要系在铁塔的牢固构件上。 3. 转移位置时，不得失去安全带的保护。 4. 在工作中使用的工具、材料必须用绳索传递，不得抛扔。 5. 高空作业人员带传递绳移位时地面人员应精力集中注意配合
3	拆除接地线	1.工作负责人检查横担上及作业点有无遗漏的工具、材料，确无问题后下令拆除接地线。 2.拆接地线的顺序与挂接地线的顺序相反。 3.接地线拆除后塔上人员检查塔上有无遗漏的工具和材料，无问题后带传递绳沿脚钉下塔至地面向工作负责人汇报	1. 攀登杆塔注意稳上稳下。 2. 高空作业人员带传递绳移位时地面人员应精力集中注意配合。 3. 接地线、工具、更换下的间隔棒及附件齐全与作业前数量编号相符

6 实训后的收整

实训后的收整见表J.9。

表J.9 实训后的收整

序号	内容	注意事项	
1	清理	清理工作现场	
2	终结	经检查无问题后向工作负责人汇报	
3	清理现场	清理工作现场杂物	
验收人		验收评价	
验收负责人		验收结论	

附录K 输电线路巡视实训作业指导书

1 编制目的

通过本项目实训练习，学员应能够掌握线路巡视方法，准确定性描述缺陷及隐患。

2 编制依据

DL/T 741—2010 《架空送电线路运行规程》

Q/GDW 1799.2—2013 《国家电网公司电力安全工作规程 线路部分》

中华人民共和国国务院令（第239号） 《电力设施保护条例》

国家电网生〔2003〕481号 《架空输电线路管理规范（试行）》

3 适用范围

本作业指导书适用于教学线路巡视实训项目。

4 作业前准备

4.1 作业条件

作业条件见表K.1。

表K.1 作 业 条 件

序号	内 容	标 准	责任人
1	必须熟练掌握DL/T 741—2010《架空送电线路运行规程》和巡视相关的专业知识	DL/T 741—2010《架空送电线路运行规程》	
2	必须熟练掌握Q/GDW 1799.2—2013《国家电网公司电力安全工作规程 线路部分》有关知识	Q/GDW 1799.2—2013《国家电网公司电力安全工作规程 线路部分》	

4.2 人员要求

人员要求见表 K.2。

表 K.2 人 员 要 求

序号	内 容	责任人
1	身体健康，精神状态良好	
2	作业人员 2 人一组，经专业培训	

4.3 工器具准备

工器具准备见表 K.3。

表 K.3 工 器 具 准 备

序号	工器具名称	规格	单位	数量	备 注
1	望远镜		台	1	
2	测距仪		台	1	

4.4 危险点分析

危险点分析见表 K.4。

表 K.4 危 险 点 分 析

序号	内 容
1	穿越线路沿线跨越的公路、高速公路、铁路车辆对巡视人员可能造成的危害
2	穿越线路沿线跨越的高、低压线路运行不良，如导线落地对巡视人员可能造成的危害
3	穿越线路沿线村庄犬类、沿线蜂、蛇对巡视人员可能造成的危害
4	雷雨、雪、大雾、酷暑、大风等天气对巡视人员可能造成的危害
5	巡视通道内枯井、沟坎、鱼塘等，可能给巡视人员安全健康造成的危害
6	巡视人员的身体状况不适、思想波动、不安全行为、技术水平能力不足等可能带来的危害或设备异常
7	与沿线村民关系处理不当可能对巡视人员造成的危害

4.5 安全措施

安全措施见表K.5。

表K.5 安 全 措 施

序号	内 容
1	穿越公路、铁路时，做到一站二看三通过，禁止横穿高速公路
2	巡视人员巡视时必须集中精力，密切注意沿线跨越的高、低压线路运行情况
3	巡视时应注意人身安全，防止跌入阴井、沟坎和被犬类等动物攻击
4	遇到雷雨时，应远离线路或暂停巡视，以保证巡视人员的人身安全
5	遇到雪天时，应穿防滑鞋，手持巡视手杖
6	在大雾天气情况下巡视时，分组时必须保证两人以上，并携带巡视手杖
7	在酷暑天气巡视时，必须携带巡视水壶，防止中暑药物，并采取遮阳措施
8	大风天巡视应沿线路上风侧前进
9	正常巡视中发现危及线路安全运行的危急缺陷时，如断线、塔体倾斜等，应立即使用手机或对讲机等通信工具向巡视负责人汇报
10	未经调度许可，巡视人员不准攀登杆塔进行检查。如经调度许可进行登塔检查，必须一人监护，登塔人员穿着屏蔽服，登塔检查时只允许到调度许可侧线路，不准进入同塔另一侧横担，并与带电体保持5m距离，与地线保持0.4m以上距离
11	巡视人员必须根据季节，正确穿着工作服
12	巡视人员巡视时，处理好与沿线村民关系，避免发生直接冲突

4.6 巡视卡

巡视卡见表K.6。

表K.6 巡 视 卡

巡视杆塔		杆塔形式		导线型号	
杆塔呼称高		地线型号		档距	
巡视内容	巡视标准				
线路防护区	1．无向线路设施射击、抛掷物体等行为。 2．无在线路两侧各300m区域内放风筝等行为。 3．无利用杆塔作起重牵引地锚，无在杆塔、拉线上拴牲畜、悬挂物件等现象。				

续表

巡视杆塔		杆塔形式		导线型号	
杆塔呼称高		地线型号		档距	
巡视内容	巡视标准				
线路防护区	4．无在杆塔基础周围取土，无在线路保护区内进行农田水利基本建设及打桩、钻探、开挖、地下采掘等作业或倾倒酸、碱、盐及其他有害化学物品等现象。 5．线路保护区内无兴建建筑物、烧窑、烧荒或堆放谷物、草料、垃圾、矿渣、易爆物及其他影响供电安全的物品。 6．无线路防护区内种植树木行为。 7．无线路防护区内进入或穿越保护区的超高机械现象。 8．检查线路附近冲沟的变化。 9．检查线路附近危及线路安全及线路导线风偏摆动时可能引起放电的树木或其他设施。 10．无在杆塔之间修建公路或房屋等设施				
杆塔基础	1．保护帽风化破碎，表面完整，无裂纹。 2．基础下沉、裂缝、上拔。 3．周围土壤无突起或沉陷，取土、掩埋现象				
接地装置	1．接地引下线完整，无严重锈蚀；接地螺丝与杆塔连接牢固。 2．无接地网外露折断现象				
杆塔本体	1．部件齐全，无倾斜、弯曲、变形。 2．杆塔倾斜不超过 10‰（50m 以下）、5‰（50m 及以上）。 3．在杆塔上筑无危及供电安全的鸟巢以及无蔓藤类植物附生。 4．无在杆塔上架设电力线、通信线以及安装广播喇叭等现象。 5．各部件连接紧固，无锈蚀，固定部位无明显松动				
设备标志	1．标志齐全、规范、报警电话清晰。 2．线路名称和编号清晰。 3．同塔双回路线路色标清晰、无脱落				
绝缘子	1．玻璃绝缘子自爆或表面有闪络痕迹，绝缘子铁帽及钢脚锈蚀，钢脚弯曲。 2．跳线绝缘子串偏斜。 3．金具锈蚀、变形、磨损、裂纹，各种销子缺损或脱出				
导地线	1．无断股。导地线弛度不得超过+3.0%、–2.5%，子导线偏斜不超过 50mm，相间误差超过 200mm。 2．导线对地及交叉跨越距离满足规程的要求。 3．耐张引流线夹无过热变色、变形、螺丝松动、烧伤现象				
附件	1．防振锤位置正确，无锈蚀，外观完好。 2．各种销子齐全，线夹无损伤、裂纹。 3．线夹无异常声响				
附件	1．防振锤位置正确，无锈蚀，外观完好。 2．各种销子齐全，线夹无损伤、裂纹。 3．OPGW 附件松动、磨损				